Wölfe

Unsere wilden Nachbarn

Anaconda

Die Deutsche Nationalbibliothek verzeichnet diese Publikation
in der Deutschen Nationalbibliografie; detaillierte bibliografische Daten
sind im Internet unter http://dnb.d-nb.de abrufbar.

Umschlagmotiv vorn: Europäischer Grauwolf *(Canis lupus lupus)*, Norwegen;
© picture alliance / blickwinkel / P. Cairns
Umschlagmotive hinten: mauritius images / imageBROKER / Michael Weber (o.l.);
shutterstock.com / Bildagentur Zoonar GmbH (o.r.), Jim Cumming (u.)
Umschlaggestaltung: Irina Klass, Köln
Satz und Layout: Andreas Paqué, www.paque.de
Printed in Slovakia 2019
ISBN 978-3-7306-0764-0
www.anacondaverlag.de
info@anacondaverlag.de

Inhalt

Ein Nachfahre von Kletterkünstlern

Während des Eozäns, das vor etwa 56 Millionen Jahren begann und vor 34 Millionen Jahren endete, wurden große Teile Nordamerikas von mächtigen Urwäldern bedeckt. In diesen lebten zahlreiche fleischfressende Säugetiere der Gattung Miacis, die rund 30 cm lang wurden. Sie erbeuteten Kleintiere, fraßen gelegentlich Früchte und plünderten vermutlich Vogelnester.

Ihre relativ schlanken Körper ähnelten weitgehend denen heutiger Marder, der Kopf glich eher dem einer Hyäne. Das noch sehr ursprünglich anmutende Gebiss dieser kleinen Säuger bestand aus 44 Zähnen und an jedem Fuß befanden sich fünf Krallen. Letztere waren so kräftig entwickelt, dass die Tiere mühelos auf Bäume klettern und sich geschickt im Geäst bewegen konnten. Eine besondere Erwähnung verdient ihr Hirnvolumen, das im Verhältnis zum Körpergewicht recht groß war, woraus eine Überlegenheit der Miacis-Vertreter gegenüber anderen fleischfressenden Säugern resultierte. Es verwundert daher nicht, dass sich im weiteren Verlauf der Evolution aus den Miacis die Hunde-, Bären- und Katzenartigen entwickelten, welche neben den Affen und Walen heute zu den besonders intelligenten Säugetieren gehören.

Vor etwa 6 Millionen Jahren erschienen auf der Bühne der Evolution die ersten Vertreter der Gattung Canis, die man als Echte Hunde bezeichnet. Es sollte allerdings noch weitere 5,6 Millionen Jahre dauern, bis sich jene Wölfe entwickelten, die in ihrer Körperform und ihrem Verhalten weitgehend den heutigen Exemplaren entsprachen.

So hat *Canis dirus* ausgesehen.

In der älteren Literatur findet man mitunter die Behauptung, dass *Canis dirus* (übersetzt: Schrecklicher Hund) der direkte Vorfahre des heutigen Wolfs gewesen sei. Inzwischen gilt diese Aussage jedoch als widerlegt. *Canis dirus* ähnelte zwar in zahlreichen Körperbaumerkmalen dem modernen Wolf, allerdings hatte er eine etwas größere und kräftigere Statur und kürzere, gedrungenere Beine. Trotz seines größeren Schädels besaß er ein geringes

Hirnvolumen. Er entwickelte sich in Südamerika (sehr wahrscheinlich aus *Canis ambrusteri*) und wanderte vor rund 100 000 Jahren von dort über Mittel- nach Nordamerika ein, wo er sich in der Folge flächendeckend ausbreitete. 200 000 Jahre zuvor war jedoch bereits der moderne Wolf aus Asien über die Beringstraße, die damals noch nicht vom Meer geflutet war, nach Nordamerika vorgedrungen. Am Ende der letzten Eiszeit, also vor rund 10 000 Jahren, starb *Canis dirus* aus. Wie vielen anderen Großtieren seiner Zeit war es ihm nicht gelungen, sich schnell genug den veränderten Umweltbedingungen anzupassen.

Canis lupus alias Wolf

Der Körper – geschaffen für Ausdauer und Schnelligkeit

Die komplette wissenschaftliche Bezeichnung für den heutigen (modernen) Wolf lautet *Canis lupus*, Linneaus 1758, wobei sowohl der Gattungs- (*Canis* = Hund) als auch der Artbegriff (*lupus* = Wolf) aus dem Lateinischen entlehnt sind. Etwas frei übersetzt bedeutet die wissenschaftliche Bezeichnung so viel wie »Hundswolf«. Linneaus ist die latinisierte Form des Nachnamens des schwedischen Naturforschers Carl von Linné (1707–1778), der die moderne binäre Nomenklatur entwickelte, die noch heute in der Wissenschaft verwendet wird. Diese Nomenklatur zugrunde legend, ordnete Linné den Wolf im Jahre 1758 in das taxonomische System der Natur ein. In späteren Jahren erfolgten durch andere Wissenschaftler noch Ergänzungen und Verfeinerungen an diesem System, ohne es jedoch in seinen Grundzügen zu verändern.

Das folgende Schema zeigt die Einordnung des Wolfes in das aktuell gültige taxonomische System:

Systematische Einordnung des Wolfs

Ordnung:	Raubtiere (Carnivora)
Überfamilie:	Hundeartige (Canoidea)
Familie:	Hunde (Canidae)
Tribus:	Echte Hunde (Canini)
Gattung:	Wolfs- und Schakalartige (Canis)
Art:	Wolf

Wissenschaftlicher Name

Canis lupus

Der Wolf, manchmal auch Grauwolf genannt, ist der größte Vertreter unter den gegenwärtig auf der Erde lebenden Echten Hunden.

Die männlichen Exemplare, die man als Rüden bezeichnet, erreichen eine Schulterhöhe von durchschnittlich 55–75 cm und ein Gewicht von 45–70 kg. Weibliche Wölfe, Fähen oder Wölfinnen genannt, wiegen durchschnittlich 20–25 % weniger als die Rüden und weisen eine um 7–10 cm geringere Schulterhöhe auf.

Von der Nasenspitze bis zum Schwanzende gemessen, variiert die Länge eines Wolfs zumeist zwischen 140 und 190 cm, wobei der buschige Schwanz (Rute) etwa ein Drittel ausmacht. Seine Spitze endet kurz unter den Sprunggelenken, welche sich an den Hinterbeinen befinden.

Der Wolf ist der größte Vertreter der Echten Hunde.

In Ausnahmefällen können einzelne Wölfe aber auch deutlich größer und schwerer werden. So wurde in Alaska ein nachweislich 79,6 kg schwerer Wolf erlegt. Aus Schweden liegt ein (allerdings unbestätigter) Bericht über ein 80 kg schweres Tier vor und in den Karpaten soll sogar ein Wolf gelebt haben, der 96 kg gewogen hat. Derartige Exemplare weisen Schulterhöhen von über 90 cm und Gesamtlängen von mehr als 200 cm auf.

Der Rumpf, mit seinem weitgehend gerade verlaufenden Rückenbereich und der leicht abfallenden Kruppe, wird von langen, schlanken Beinen getragen, die wissenschaftlich als Extremitäten bezeichnet werden. Die Extremitäten münden in großen, kräftigen Pfoten mit stark zusammengedrückten Zehen. (In diesem Zusammenhang sei auf eine landläufig weit verbreitete Fehlinterpretationen hingewiesen: Wie alle Säugetiere besitzen Wölfe an den Vorderbeinen *keine* Knie- sondern Ellenbogengelenke. Deshalb ist es falsch, von Knien an den Vorderbeinen zu sprechen.)

Wölfe besitzen eine schlanke, straffe Bauchregion und einen voluminösen, kräftigen Brustkorb. An den Rumpf schließt sich der muskulöse Hals an, auf dem der Kopf mit seiner breiten Stirn ruht. Unter dieser

Das Gebiss eines erwachsenen Wolfs besteht aus 42 Zähnen.

befinden sich die leicht schräg nach oben stehenden Augen, deren Färbung bei den Altwölfen von hellgelb bis braungelb variieren kann. Bei den meisten Exemplaren ist sie allerdings mittelgelb.

In der langen, spitz auslaufenden Schnauze sind die kräftigen Kiefer eingebettet, welche im Unterschied zu den Miacis-Vertretern nicht mehr 44, sondern nur noch 42 Zähne enthalten. Entsprechend ihrer Funktionen sind diese wesentlich differenzierter ausgestaltet. So dienen beispielsweise die vier großen, etwas nach hinten gebogenen Eckzähne, die auch als Fangzähne bezeichneten werden, hauptsächlich dem Festhalten und Töten von Beutetieren.

Pro Oberkieferhälfte setzt sich das Gebiss eines Wolfs (wie übrigens auch bei unseren Haushunden) aus drei Schneidezähnen (Incisivi), einem Eckzahn (Canini), vier Vorbackenzähnen (Praemolares) und zwei Backenzähnen (Molares) zusammen. Pro Unterkieferhälfte sind drei Schneidezähne, ein Eckzahn, vier Vorbackenzähne und nicht zwei sondern drei Backenzähne vorhanden. Bemerkenswert ist, dass der hintere Backenzahn jeder Oberkieferhälfte größer ist als bei sämtlichen anderen Hund und eine Kaufläche von rund 100 Quadratmillimetern aufweist.

Ein charakteristisches anatomisches Merkmal des Wolfs ist seine Violdrüse (auch Voilsche Drüse genannt). Dabei handelt es sich um ein Organ auf der Oberseite des Schwanzes, etwa 8 cm unterhalb der Schwanzwurzel, welches aus einer Ansammlung von Talgdrüsen besteht.

Violdrüsen werden auch bei einigen Haushunderassen, wie etwa Bullterriern, ausgebildet, während sie bei anderen Rassen entweder nur noch rudimentär vorhanden sind oder gänzlich fehlen. Bisher konnte die biologische Funktion dieser Drüse noch nicht endgültig geklärt werden. Man nimmt aber an, dass der von ihren Sekreten verströmte, veilchenähnliche Geruch im Dienste der innerartlichen Kommunikation bzw. des innerartlichen Erkennens steht.

Insgesamt stellt der Körper eines erwachsenen Wolfs eine hervorragend proportionierte Konstruktion dar, in welcher der Umriss von Extremitäten und Rumpf annähernd die Form eines Quadrates hat. Diese Körperform bietet ideale Voraussetzungen für eine ausdauernde und zugleich schnelle Fortbewegung über große Entfernungen. So sind Wölfe in der Lage, innerhalb einer Nacht Strecken von 50 Kilometern und mehr zu bewältigen. Dabei durchschwimmen sie manchmal sogar größere Gewässer, was einen zusätzlichen Kraft- und Zeitaufwand erfordert.

Wölfische Sinne

Mit seinen hochsensiblen Sinnen ist der Wolf bestens für die Jagd auf unterschiedliche Beutetiere ausgestattet. Seine nach vorn gerichteten Augen ermöglichen ihm ein sehr gutes dreidimensionales Sehen. Gleichzeitig verfügen Wölfe auch bei geringer Lichtintensität über ein überdurchschnittlich gutes Dämmerungs- und Nachtsehvermögen. Im Vergleich zum Menschen, der ohne die Bewegung des Kopfes nur einen Winkel von 180 Grad überblickt, ist das Gesichtsfeld des Wolfes mit einem Blickwinkel von 250 Grad deutlich größer. Dadurch kann er nicht nur Abläufe wahrnehmen, die vor und neben, sondern zu einem Teil auch solche, die hinter ihm stattfinden.

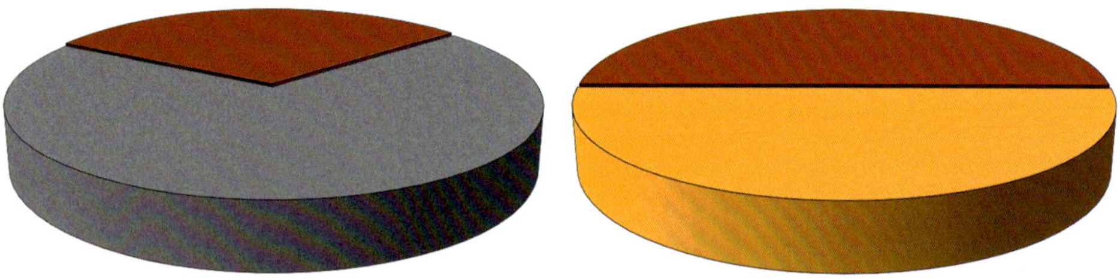

Die beiden Diagramme veranschaulichen, welchen Winkel ein Wolf (grau) und ein Mensch (orange) überblicken können, ohne den Kopf zu bewegen.

Das Farbsehvermögen des Wolfs ist dagegen schwächer als beim Menschen ausgebildet. Außerdem haben Wölfe Schwierigkeiten, kleine und mittelgroße Objekte (bis zur Größe eines Rehs) wahrzunehmen, wenn diese weiter entfernt sind und unbeweglich verharren. Anders verhält es sich bei bewegten Objekten. Selbst kleinste Tiere, die sich in großer Entfernung befinden, werden genauestens registriert.

Geruchswahrnehmung und Gehör sind die schärfsten Sinne des Wolfs. Mit ihren kleinen, dreieckigen Ohren, die sehr beweglich sind, lokalisieren Wölfe Geräuschquellen auch über große Entfernungen sehr exakt. So können sie das Heulen eines Artgenossen noch über Strecken von 10–16 km hören. Sogar während des Schlafs wird die unmittelbare Umgebung mithilfe des Gehörsinns ständig kontrolliert.

Das wichtigste Sinnesorgan für den Wolf ist seine sehr feine Nase. Bei günstig stehendem Wind kann er damit sowohl Artgenossen, Beutetiere als auch Aas über Entfernungen von mehr als 3 km wahrnehmen. Außerdem können Wölfe mittels ihres Geruchssinns noch Duft-

Das Farbsehvermögen ist beim Wolf schwächer ausgeprägt als beim Menschen.

spuren folgen, die bis zu 75 Stunden alt sind.

Am Kopf und den Außenseiten der Beine befinden sich viele hochempfindliche Tasthaare, sogenannte Vibrissen, mit denen die Wölfe Wärme, Kälte und Schmerz wahrnehmen. Diese Wahrnehmungen werden in Bruchteilen von Sekunden über Nervenbahnen zum Gehirn geleitet. Gleichzeitig sind Wölfe in der Lage, mittels dieser Vibrissen Form und Größe von Objekten zu erkennen. Für die Welpen, die

Die Ohren des Wolfs haben eine dreieckige Form und sind sehr beweglich.

während ihrer ersten Lebenstage noch blind sind, stellen die Vibrissen an ihren Schnauzen eine enorm wichtige Hilfe beim Auffinden der mütterlichen Zitzen dar. Zudem können Wölfe über Rezeptoren, die in ihren Pfotenballen eingebettet sind, sowohl die Beschaffenheit des Untergrunds als auch Vibrationen wahrnehmen.

Das Wolfsfell: eine variantenreiche Mischung

Wölfe wechseln zweimal im Jahr ihr Fell: im Frühjahr und im Herbst. Im Unterscheid zu dem sehr kurzen Sommerfall, ist das Winterfell deutlich länger, dichter und auch immer etwas heller, da die hellere Unterwolle bis an das darüberliegende Deckhaar reicht.

Im Winter ist das ohnehin schon längere Fell am Nacken- und Wangenbereich besonders üppig, wodurch der Eindruck entsteht, die Wölfe würden einen Pelzkragen und einen Backenbart tragen. Die Färbung des

Das Winterfell ist so üppig, dass es an Nacken und Wangen wie ein Kragen und ein Backenbart wirkt.

Fells variiert stark, wobei nicht selten eine Korrelation zur jeweiligen Unterart bzw. dem Verbreitungsgebiet besteht. Die Variationsbereite der Färbung erstreckt sich von weißen über cremefarbene und sandgelbe bis zu grauen, rötlichbraunen, braunen und schwarzen Tönen.

Bei den meisten Wölfen, die in den gemäßigten Klimaregionen Eurasiens leben, herrschen graugelbe bis braungraue Farbtöne im Fell vor, wobei der Kopf und die Kehlpartie normalerweise am kontrastreichsten sind. Im Unterschied zum Fell des Kopfes, in dem graugelbe, braungraue und schwarze Farbtöne dominieren, sind der untere Schnauzen- und Kehlbereich bis hin zum Brustansatz schmutzig bis gelblich weiß. Eine ähnliche Färbung zeigt auch das Fell am Bauch und den Innenseiten der Beine.

Eine besondere Bemerkung verdienen die großflächigen Schwarztöne, die manche Wölfe in ihrem Fell aufweisen. Diese rühren von einer Mutation her, welche zuerst bei Haushunden auftrat. Die Gene für diesen Farbton gelangten durch (unerwünschte) Paarungen mit Haushun-

Wölfe können eine sehr variable Fellfärbung besitzen.

den in jene Wolfsbestände, die solche Mutationen aufwiesen. In diesem Zusammenhang sei auch erwähnt, dass in den nördlichen Wolfspopulationen ein besonders hoher Anteil an Exemplaren vorhanden ist, die eine (nahezu) rein weiße bzw. schwarze Fellfärbung haben.

Vom Honshū bis zum Timberwolf

In seinem riesigen Verbreitungsgebiet, auf welches im weiteren Verlauf dieses Buches noch ausführlich eingegangen wird, haben sich in historischer Zeit 13 Unterarten des Wolfs entwickelt, auf welche sowohl die Bergmannsche Regel als auch die Rensche Regel zutreffen.

Die Bergmannsche Regel besagt, dass bei gleichwarmen Tieren einer Art (im konkreten Fall bei den Unterarten des Wolfs), die durchschnittliche Körpergröße tendenziell zu den Polen hin ansteigt. In Relation zu ihrer Körpergröße besitzen die größeren Exemplare eine kleinere Körperoberfläche. Dadurch sind die Verluste an Körperwärme proportional kleiner, woraus sich vor allem in der kälteren Jahreszeit energetische Vorteile für die Tiere ergeben. Zwischen der Bergmannschen und der Renschen Regel besteht ein enger Zusammenhang, denn letztere besagt, dass die Exemplare eines Verwandtschaftskreises in den kälteren Klimaregionen ein längeres und dichteres Fell haben.

In der Systematik wird die Unterart in Form eines dritten Begriffs in den wissenschaftlichen Namen eingefügt, wodurch eine eindeutigere Zuordnung möglich ist (siehe das folgende Beispiel):

Gattung	Art	Unterart
Wolfs- und Schakalartige	Wolf	Polarwolf
Canis	lupus	arctos

Bei der **Unterart**, wissenschaftlich als Subspezies bezeichnet, handelt es sich um eine taxonomische Rangstufe innerhalb der biologischen Systematik. In dieser rangiert die Unterart direkt unter der Art und über der Rasse bzw. dem Farbschlag.

Ein ganz entscheidender Faktor, dass es sich bei einem Tier tatsächlich um eine Unterart und nicht um eine eigenständige (neue)

Gemäß der Renschen Regel haben Wölfe in kälteren Klimaregionen ein längeres und dichteres Fell.

Art handelt, besteht darin, dass die verschiedenen Unterart-Vertreter uneingeschränkt kreuzungsfähig sind und anschließend stets fruchtbare Nachkommen hervorbringen. Anders sieht es hingegen bei Artkreuzungen z. B. zwischen Löwen und Tigern oder Pferden und Eseln aus, deren Nachkommen nur in Ausnahmefällen fruchtbar sind.

Gegenwärtig wird der Haushund *(Canis lupus familiaris)* meist nicht mehr als Wolfunterart angesehen. Vielmehr tendiert man dazu, sowohl Wölfe als auch Haushunde mit einem eigenständigen Artstatus zu versehen. Das ist jedoch aus rein systematischer Sicht zumindest zweifelhaft, denn Hunde und Wölfe lassen sich uneingeschränkt kreuzen und bringen danach fruchtbare Nachkommen zur Welt. Als sehr problematisch würde sich dann auch die exakte taxonomische Einordnung des Tschechoslowakischen Wolfshunds erweisen. Bei ihm handelt es sich sogar um eine inzwischen international anerkannte Rasse, die seit 1955 existiert, und aus Kreuzungen zwischen 24 Deutschen Schäferhunden und vier aus den Karpaten stammenden Wölfen entstand. Rein äußerlich kann man einen Tschechoslowakischen Wolfshund zumeist nicht von einem Wolf unterscheiden.

Innerhalb der 13 Wolfs-Unterarten, die nachfolgend kurz vorgestellt werden, repräsentiert der Honshū-Wolf den kleinsten und der Timberwolf den größten Vertreter.

Beim Buffalo-Wolf *(Canis lupus nubilus)*, auch Great Plains Wolf oder Loafer genannt, handelt es sich um eine mittelgroße bis große Unterart, die zumeist grau, schwärzlich, gelbbraun oder rötlich gefärbt ist. Seine Bezeichnung rührt daher, weil Bisons (Büffel) zusammen mit Elchen und Hirschen einen Großteil seiner Nahrung ausmachen. Diese Unterart besiedelt ein Gebiet, das sich vom Mittleren Westen der USA über die südlichen Rocky-Mountains und Südwest-Kanada bis in den Südosten Alaskas erstreckt.

Der Dingo *(Canis lupus dingo)*, auch Australischer Dingo genannt, ist der Nachfahre verwilderter Haushunde, welche die Ureinwohner mitbrachten als sie den Kontinent besiedelten. Außer in Australien gibt es Dingo-Populationen in Thailand und in Papua-Neuguinea. Bei letzteren konnte jedoch noch nicht abschließend geklärt werden, ob es sich tatsächlich um echte Dingos handelt. Für den Australischen Dingo ist ein kurzes Fell typisch, das zumeist eine rote bis sandfarbene Tö-

Tschechoslowakischer Wolfshund

Australischer Dingo

nung aufweist. In selteneren Fällen kann dieses aber auch schwarz, bräunlich oder weiß sein.

Beim Eurasischen Wolf *(Canis lupus lupus)* handelt es sich um eine Unterart, deren Exemplare in der Regel recht groß sind. Der geschätzte Bestand umfasst mehr als 100 000 Tiere, von denen die meisten in Russland leben. Gleichzeitig gehört der Eurasische Wolf zu den am weitesten verbreiteten Unterarten. Er ist in einem Gebiet beheimatet, das große Teile Europas umfasst und sich über Sibirien bis in die Mongolei sowie nach China erstreckt.

Die meisten Eurasischen Wölfe besitzen eine helle Schnauzen- sowie Kehlpartie. Außerdem ist auf ihrem Rücken oftmals ein gut erkennbarer dunkler Sattelfleck vorhanden.

Bis vor einigen Jahren wurden die Iberischen und die Italienischen Wölfe von einigen Wissenschaftlern als eigenständige Unterarten ange-

Indischer Wolf

sehen. Inzwischen gilt diese Auffassung als überholt und die betreffenden Bestände sind taxonomisch dem Eurasischen Wolf zugeordnet. Im Vergleich zu den meisten anderen Eurasischen Wölfen weist die Mehrzahl der Iberischen und Italienischen Wölfe einen geringfügig leichteren Körperbau auf.

Der Hokkaidō-Wolf *(Canis lupus hattai)* lebte bis zu seiner Ausrottung im Jahre 1889 auf der japanischen Insel Hokkaido. Für relativ große Tierunterarten, die auf Inseln leben, ist es typisch, dass sie im Vergleich zu anderen Unterarten eher klein sind. Kleine Tiere hingegen bringen oft »Riesenformen« hervor. Da Wölfe zu den großen Tierarten gehören, verwundert es nicht, dass der Hokkaidō-Wolf zu den kleinsten Vertretern aus der Wolfgruppe gehörte.

Der Honshū-Wolf *(Canis lupus hodophilax)* war die kleinste Wolfsunterart. Bis 1905 besiedelte er die Inseln Honshu, Shikoku und Kyushu, bevor sein Bestand im Jahre 1995 aufgrund von Tollwutbefall und Bejagung völlig erlosch.

Der Indische Wolf *(Canis lupus pallipes)* gehört ebenfalls zu den kleineren Unterarten. Sein Verbreitungsgebiet erstreckt sich von Indien über Pakistan und Afghanistan bis in den Iran hinein. Gegenwärtig wird allerdings viel darüber diskutiert, ob es sich bei diesen Tieren tatsächlich nur um eine Unterart handelt oder für sie ein eigenständiger Artstatus sinnvoller wäre.

Eine weitere relativ kleine Art, die in ihrer Färbung oft den Eurasischen Wölfen ähnelt, ist der Kaspische Wolf *(Canis lupus cubanensis)*. Wie es bereits sein Populärname verrät, besiedelt dieser Wolf die Region zwischen dem Kaspischen und dem Schwarzen Meer. Gelegentlich werden diese Tiere auch als Kaukasische oder Steppenwölfe bezeichnet.

Der Mackenzie-Wolf *(Canis lupus occidentalis)* repräsentiert zusammen mit dem Timber-Wolf die größten Unterarten. Sein Verbreitungsgebiet erstreckt sich von Alaska bis in die nördlichen Rocky-Mountains sowie nach Zentralkanada. Im Jahr 1995 wurde diese Unterart auf dem Gebiet des Yellowstone-Nationalparks wieder angesiedelt.

Der Mexikanische Wolf *(Canis lupus baileyi)* ist die am stärksten gefährdete Unterart, von der schätzungsweise nur noch 35 bis 50 Exemplare in freier Natur leben. Sein Verbreitungsgebiet erstreckt sich von Zentralmexiko bis nach Westtexas und Arizona. Mexikanische Wölfe gehören zu den kleineren Vertretern unter den Wölfen.

Der Polarwolf *(Canis lupus arctos)*, auch Arktischer Wolf genannt, ist in der kanadischen Arktis und auf Grönland zu Hause. Im Vergleich zu den anderen Unterarten besitzen Polarwölfe ein sehr langes Fell, das bei den extremen Minusgraden, die in seinem Verbreitungsgebiet oft vorherrschen, besonders isolierend wirkt. Dieses Fell hat eine schnee- bis cremeweiße Färbung.

Beim Russischen Wolf *(Canis lupus communis)*, der in Zentralrussland beheimatet ist, handelt es sich um einen sehr großen, kräftigen Wolf. Sehr wahrscheinlich war sein Verbreitungsgebiet in prähistorischer Zeit deutlich größer als heute.

Polarwolf

Der Timberwolf *(Canis lupus lycaon)* ist in einem Gebiet zu Hause, das sich von Südostkanada bis in die östlichen Staaten der USA erstreckt. Seine Fellfärbung ist sehr variabel. So kommen neben braunen Exemplaren auch des Öfteren weiße und schwarze Tiere vor.

Der Tundrawolf *(Canis lupus albus)* bewohnt im nördlichen Russland und Sibirien zumeist ähnliche Biotope wie der Polarwolf in Nordamerika. Das Fell dieser relativ großen Unterart zeigt in den meisten Fällen eine cremeweiße bis graue Färbung.

Timberwolf

Sein Verbreitungsgebiet

Das historische Verbreitungsgebiet des Wolfs erstreckte sich nahezu flächendeckend über ganz Nordamerika bis nach Mexiko, Europa, die Arabische Halbinsel und große Teile Asiens einschließlich Indien. Lediglich Thailand und die östlich sowie südöstlich angrenzenden Länder wurden nicht von Wölfen besiedelt. Auch zahlreiche größere Inseln bzw. Inselgruppen, wie beispielweise Sewernaja Semlja im Nordpolarmeer, gehörten zum Verbreitungsgebiet des Wolfs. Sieht man einmal vom Menschen ab, war und ist der Wolf damit das mit Abstand am weitesten natürlich verbreitete Säugetier der Welt. (Gegenwärtig kommen zwar sowohl die Wander- als auch die Hausratte auf der gesamten Welt vor, aber deren Verbreitung erfolgte erst in den letzten Jahrtausenden durch den Menschen. Ursprünglich lebten diese Nagetiere lediglich in einigen Regionen Asiens.)

In seinem einstigen Verbreitungsgebiet war es dem Wolf gelungen, sich sehr vielfältige, teilweise sogar recht unwirtliche Lebens-

Ein sehr steiniges Wolfsbiotop in Südosteuropa

räume zu erschließen und auf diese Weise ökologische Nischen zu besetzen.

Die Besetzung der unterschiedlichsten Habitate basiert vor allem darauf, dass es sich bei Wölfen um keine Nahrungsspezialisten handelt, die an ein relativ kleines Beutetierspektrum gebunden sind. Zudem sind Wölfe überaus lernfähig, was einen großen Vorteil bei der Anpassung an neue Lebensräume darstellt. Hinzu kommt, dass die Tiere von Natur aus »Teamplayer« sind, die sehr gut mit vertrauten Artgenossen harmonieren, wodurch sich ebenfalls die Chancen für ein dauerhaftes Überleben in unwirtlichen Regionen erhöhen.

In der älteren Literatur wird der Wolf häufig als primärer Waldbewohner dargestellt, was vor allem daran liegt, dass er durch den Menschen bereits sehr früh aus offeneren Landschaften vertrieben wurde. Als Folgereaktion zogen sich die Wölfe vielerorts in die Wälder zurück, die ihnen einen besseren Schutz boten.

Zu den einstigen Lebensräumen, die von Wölfen besiedelt wurden, gehörte die arktische Tundra ebenso wie Wüsten, Halbwüsten, Steppen, Feuchtgebiete, felsige Gebirgslandschaften, Wälder und Kulturlandschaften (allen voran Felder und Weideflächen).

In der sibirischen Taiga ist noch eine flächendeckende Wolfspopulation vorhanden.

Damit ein entsprechendes Gebiet als Wolfsrevier in Frage kam, war es nur wichtig, dass es dort neben genügend Wasser und Beutetieren auch ausreichend Versteckmöglichkeiten zur Aufzucht der Welpen gab. Inzwischen ist der Wolf in vielen Regionen seines einstigen Verbreitungsgebiets durch den Menschen ausgerottet. Größere flächendeckende Populationen kommen nur noch in einigen Gebieten Osteuropas, wie beispielsweise in den Karpaten und auf dem Balkan, sowie in Kanada, Alaska, Grönland, Kasachstan, China, Sibirien und der Mongolei vor. Ansonsten trifft man zumeist nur noch punktuelle Populationen an.

Die folgende Tabelle gibt einen Überblick über die Wolfsbestände, die gegenwärtig, basierend auf Schätzungen und Zählungen, in den einzelnen europäischen Ländern vorkommen.

Land	**etwaige Anzahl Wölfe**
Portugal	500
Spanien	2000
Frankreich	300
Italien	1000
Deutschland	600
Schweiz	25
Österreich	50
Finnland	200
Norwegen	50
Schweden	350
Rumänien	3500
Bulgarien	2000
Slowakei	400
Tschechien	50
Ungarn	30
Polen	über 1000
Russland (ohne Berücksichtigung des asiatischen Teils)	10000

Lettland, Estland und Litauen	850
Ukraine	2500
Weißrussland	2000
Griechenland	800
Albanien	150
Serbien, Kroatien, Bosnien, Mazedonien und Slowenien	2000

Am liebsten im Rudel

Was ist ein Rudel?

Bei einem Rudel handelt es sich nicht um eine Gruppe von Wölfen, die sich mehr oder weniger zufällig getroffen hat, sondern um einen Familienverband. Den Kern des Rudels bildet das auch als Alpha-Paar bezeichnete Elternpaar.

Die Bezeichnung **Alpha-Paar** (bei einzelnen Exemplaren spricht man von Alpha-Tieren) leitet sich aus dem griechischen Alphabet ab. In diesem ist der Buchstabe »Alpha« der erste und nimmt gewissermaßen die Spitzenposition ein. Das Gegenteil zum Alpha- stellt das Omega-Tier dar. Weil der Buchstabe Omega der letzte im griechischen Alphabet ist, wird dieser Begriff im biologischen Sprachgebrauch für jenes Individuum verwendet, das in der Hierarchie einer Gruppe die Schlussposition innehat.

Weitere Rudelmitglieder sind die Welpen und Jungtiere aus den vorjährigen Würfen, die das Rudel noch nicht verlassen haben, um ein eigenes zu gründen. Die Grundvoraussetzung für die Bildung eines Rudels beginnt damit, dass sich ein männlicher und ein weiblicher Jungwolf, die normalerweise nicht näher miteinander verwandt sind, zusammenschließen. Diese Tiere sind zuvor aus freien Stücken von ihrem bisherigen Rudel oftmals sehr weit weggewandert. Zunächst bilden beide

Wolfsrudel

Wolfspaar

nur eine Jagd- und Lebensgemeinschaft, denn von einem echten Rudel spricht man erst von dem Zeitpunkt an, da die Wölfin einen Wurf Welpen zur Welt gebracht hat von denen mindestens ein Tier das Jungwolfstadium erreicht.

Die Rudelgröße kann drei und mehr als 20 Mitglieder unterschiedlichen Alters umfassen. Rudel mit mehr als 20 Tieren stellen allerdings die Ausnahme dar und kommen fast nur in Kanada, Alaska und Sibirien vor; in Europa bestehen Rudel zumeist aus nicht mehr als 10 Exemplaren. In diesem Zusammenhang sei noch angemerkt, dass im Frühjahr die Zahl der Individuen in den meisten Rudeln größer ist als im Herbst und Winter, da die Verluste unter den Welpen sehr hoch sind und viele von ihnen die ersten vier Monate nach der Geburt nicht überleben.

Normalerweise dulden Wölfe nur Blutsverwandte ersten Grades in ihrem Rudel. In seltenen Fällen kommt es jedoch vor, dass ein fremdes Exemplar vorrübergehend in ein Rudel aufgenommen wird. Bei diesen Wölfen handelt es sich zumeist um zwei- bis dreijährige Rüden, wobei vermutet wird, dass sich diese auf »Brautschau« befinden und bald darauf das Rudel mit einer jungen Fähe verlassen. Mit ihr sucht der Rüde dann ein geeignetes Revier, um in diesem ein neues Rudel zu gründen.

Bei individuenreichen Rudeln passiert es gelegentlich, dass sich diese für einige Zeit in kleinere Gruppen aufspalten. Bis zur Wiedervereinigung bestehen dann zwischen den jeweiligen Gruppen ständige Kontakte. Zur Pflege solcher Kontakte finden an bestimmten Orten, welche die Aktivzentren des Rudels darstellen, häufig Begegnungen statt, wobei ein reger Austausch von Informationen erfolgt.

Die Rangordnung im Rudel

In der Vergangenheit vertrat die Wissenschaft lange die Meinung, dass in einem Wolfsrudel eine relativ strenge lineare Rangordnung herrscht, der ein dominantes Alpha-Paar vorsteht. Diese inzwischen überholte Meinung basierte größtenteils auf Verhaltensstudien von Wölfen, die in Gefangenschaft lebten. Nicht selten hatte man derartige Wolfsgruppen »bunt« zusammengewürfelt und deren Haltung erfolgte oftmals auf einem viel zu kleinen Gelände. Dadurch war es den Tieren weder möglich, sich gegebenenfalls aus dem Wege zu gehen, noch konnten alle ein für Wölfe charakteristisches Revier besetzen oder sonstige artspezifische Verhaltensweise in vollem Umfang ausleben. Vielmehr tra-

Unter Wölfen, die auf einem zu kleinen Gelände in Gefangenschaft gehalten werden, herrscht oftmals das »Gesetz des Stärkeren« vor.

ten immer wieder Konflikte zwischen den Tieren auf, die häufig dazu führten, dass nur noch das »Gesetz des Stärkeren« vorherrschte. Die stärksten Wölfe dominieren die schwächeren Gruppenmitglieder derartig massiv, dass dieses Verhalten fälschlicherweise als lineare Rangordnung interpretiert wurde.

Mittlerweile liegen aber zahlreiche Freilandstudien über das Zusammenleben und die hierarchischen Strukturen in Wolfsrudeln vor. Auf der Grundlage der bei diesen Untersuchungen gewonnenen Erkenntnisse weiß man mittlerweile, dass die sozialen Strukturen in einem Wolfsrudel fast mit denen in einer gut funktionieren menschlichen Familie vergleichbar sind. So herrscht auch in einem Wolfsrudel eine relativ flache Hierarchie, bei der die beiden Alpha-Wölfe in gewisser Weise als primus inter pares (Erste unter Gleichen) angesehen werden können, weil sie zu einem Großteil auch nur jene Rechte genießen, die alle anderen Rudelmitglieder haben.

Die älteren Rudelmitglieder sehen ihre Hauptaufgabe nicht etwa darin, die jüngeren Wölfe zu dominieren. Vielmehr bereiten sie diese auf

In einem Wolfsrudel, das in freier Wildbahn lebt, ist nur eine sehr flache Hierarchie vorhanden.

das spätere, eigenständige Überleben in der Natur vor. Wie in der menschlichen Familie, in der Kinder gelegentlich über die Stränge schlagen und dann mit einer energischen Ermahnung zurecht gewiesen werden, findet auch die »Erziehung« im Wolfsrudel statt, beispielsweise durch ein kurzes, energisches Knurren oder einen sanften Biss. Obwohl solche Bisse stets unblutig erfolgen und nur leichte kurzzeitige Schmerzen verursachen, stellen sie oftmals die besten und vor allem nachhaltigsten »Lehrmeister« dar. Diese erzieherischen Verhaltensweisen verankern sich beim Jungwolf im Gedächtnis. Sie werden dauerhaft oder zumindest über einen längeren Zeitraum als negative Erfahrung gespeichert, die zugleich davor warnt, die betreffende Handlung besser nicht – zumindest nicht in Anwesenheit eines Altwolfs – zu wiederholen.

Zum Verhaltensrepertoire der Wölfe gehört es auch, dass ein erwachsenes Exemplar mit seiner Schnauze die eines anderen erwachsenen Rudelmitglieds packt, ohne dabei stark zuzubeißen. In Abhängigkeit vom Geschlecht des Wolfs, der an der Schnauze gepackt wird,

Links ein knurrend, drohender Altwolf

Ein sanfter Schnauzenbiss

zeigen sich deutliche Unterschiede in der Körperhaltung. Packt ein erwachsener Rüde die Schnauze einer ebenfalls erwachsenen Wölfin, bleibt diese mit sehr selbstsicherer Körperhaltung stehen. Mehr noch, der zupackende Rüde macht sich sogar oft kleiner als die Wölfin und legt außerdem seine Ohren an, was trotz seiner dominanten Handlung eine kurzzeitige Geste der Unterwerfung darstellt. Dieses Verhalten ist sehr häufig während der Paarungszeit zu beobachten. Der Rüde möchte die Wölfin nicht verärgern, sondern sie vielmehr umschmeicheln.

Ganz anders sieht die Situation aus, wenn der erwachsene Rüde einen halbwüchsigen männlichen Jungwolf aus erzieherischen Gründen an der Schnauze packt. Dann sind nicht nur die Ohren des Rüden aufgestellt, sondern seine gesamte Körperhaltung vermittelt einen überlegenen Eindruck. Dagegen knickt der schwächere Jungwolf ein wenig mit den Hinterbeinen ein und klemmt seinen Schwanz zwischen diese. Indem er sich kleiner macht, als er eigentlich ist, zeigt er seine Akzeptanz für den erwachsenen Rüden.

Die Alterspyramide

Das Höchstalter, das ein Wolf in Gefangenschaft erreichen kann, liegt bei etwa 18 Jahren. In freier Wildbahn lebende Exemplare werden maximal 10–12 Jahre alt. Allerdings liegt die Zahl der Tiere, die in freier Natur ein Alter von mehr als 8 Jahren erreicht, unter 5 Prozent.

Der größte Teil der freilebenden Wölfe ist ein Jahr alt oder jünger. Diese Tiere stellen einen Anteil von knapp 45 % des Gesamtbestandes dar. Mit einem rund 17%igen Anteil folgt die Gruppe der Wölfe, die zwischen 1 und 2 Jahren alt sind. Die restlichen 38 % verteilen sich auf Individuen, die älter als 2 Jahre sind, wobei das Durchschnittsalter der erwachsenen Exemplare in den meisten Populationen zwischen 3,5 und 5,3 Jahren liegt.

In besonders dicht besiedelten Gebieten ergeben sich mitunter deutliche Abweichungen von der durchschnittlichen Alterspyramide, die einerseits aus Bejagungen und andererseits aus der relativ hohen Quote an Verkehrsopfern resultieren. So kamen beispielsweise in dem Zeitraum von 2000 bis 2018 allein in Sachsen mehr als 50 Wölfe bei Verkehrsunfällen ums Leben und in Brandenburg belief sich deren Zahl zwischen 1990 und 2018 auf 83 Tiere.

Unter natürlichen Bedingungen werden Wölfe meist nicht älter als 8 Jahre.

Bei der innerartlichen Kommunikation spielt der Austausch akustischer, olfaktorischer und visueller Informationen eine wichtige Rolle.

Körpersprache und Interaktion

Innerhalb des Rudels, das den arttypischen Sozialverbund bei Wölfen darstellt, findet eine rege Kommunikation statt. Diese basiert neben dem akustischen und olfaktorischen (geruchlichen) Informationsaustausch hauptsächlich auf visuellen Signalen. Dabei ist es von grundlegender Bedeutung, dass sämtliche ausgesendeten Signale von allen Rudelmitgliedern gleich interpretiert und mit adäquaten Reaktionen beantwortet werden.

Beim Weitergeben von visuellen Informationen spielen Kopf und Schwanz eine große Rolle. Indem die Tiere durch Muskelkontraktionen ihre Ohren, Lippen, Nasen und Augen bewegen und/oder die Schnauze öffnen, verfügen sie über ein großes Repertoire unterschiedlichster Ausdruckmöglichkeiten.

Ähnliches gilt für den Schwanz. Situationsbedingt kann dieser fast schornsteinartig aufgestellt, als Fortführung der Rückenlinie gehalten oder zwischen den Hinterbeinen eingeklemmt werden.

Die folgende Tabelle gibt einen Überblick, wie das Erscheinungsbild eines Wolfs bei unterschiedlicher Drohintensität aussieht.

Drohintensität	**Erscheinungsbild**
sicheres Drohen	Der Stand des Tieres wirkt sehr stabil. Es zeigt eine breite Brust. Der Hals ist nach oben gereckt. Der Schwanz wird deutlich über die Rückenlinie aufgerichtet. In der leicht geöffneten Schnauze sind die Mundwinkel etwas nach vorn gezogen und die Zähne (als potenzielle Waffe) gut sichtbar. Ein Gegner wird mit sicherem, fast durchdringendem Blick angeschaut. Hinter der aufgeblähten Nasenspitze hat das Tier seinen Nasenrücken gerunzelt. Die Ohren sind aufgerichtet. *Insgesamt möchte das Tier größer erscheinen als es eigentlich ist und dabei einen Ausdruck von »mich kann nichts und niemand erschüttern« vermitteln.*
nicht (mehr) ganz sicheres Drohen	Der Stand des Tieres wirkt bereits ein wenig unsicher. Der Hals wird nicht mehr total nach oben gereckt, sondern schon etwas nach vorn gerichtet. In der leicht geöffneten Schnauze sind die Mundwinkel

ein wenig nach hinten gezogen. Die Zähne sind aber immer noch sehr gut sichtbar. Der Nasenrücken ist weniger stark gerunzelt als bei einem sicher drohenden Individuum. Die Ohren weisen bereits nach hinten, lediglich deren Spitzen sind noch ein wenig nach vorn geneigt. Der Schwanz hat noch immer Spannkraft, ist aber schon nach unten gerichtet, ohne jedoch größeren Kontakt zu den Hinterbeinen zu haben. *Insgesamt möchte dieser Wolf noch recht überlegen erscheinen, was er jedoch nicht mehr mit einer 100%igen Glaubwürdigkeit vermittelt.*

schwaches Drohen

Der Stand des Tieres wirkt schon recht unsicher und der Hals ist weniger stark nach vorn gerichtet als beim nicht (mehr) ganz sicheren Drohen. Die Augen sind leicht zusammengekniffen und vermitteln bereits einen leicht ängstlichen Ausdruck. In der nur noch leicht geöffneten Schnauze werden die Mundwinkel stark nach hinten gezogen, wodurch die Lefzen etwas herabhängen, sodass man die Zähne weniger gut sieht. Die Ohren sind nach hinten gerichtet und der Schwanz hängt ohne merkliche Spannkraft nach unten. *Dieser Wolf sitzt in gewisser Weise zwischen »Baum und Borke«. Obwohl er nach außen hin noch mutig erscheinen möchte, hat in seinem Inneren bereits die Angst die Oberhand gewonnen. Dieses Tier vermittelt den Eindruck »bitte attackiere mich nicht, ich drohe zwar, obwohl ich es eigentlich gar nicht so richtig möchte«.*

Abwehr

Die ganze Köperhaltung wirkt sehr unsicher. Die Hinterbeine sind etwas eingeknickt und die Rückenlinie fällt nach hinten ab. Der Schwanz ist zumeist so stark zwischen den Hinterbeinen eingeklemmt, dass er stellenweise die Bauchdecke berührt. Die Ohren sind nach hinten gerichtet und an die Hals- bzw. Nackenregion gepresst. In der nur noch schwach geöffneten Schnauze werden die Mundwinkel stärker nach hinten gezogen als bei der schwachen Drohhaltung. Dadurch hängen die Lefzen noch mehr herab.

Die Augen sind zusammengekniffen, und nicht nur diese, sondern das gesamte (geduckt wirkende) Erscheinungsbild vermittelt den Eindruck großer Angst. Ein direkter Blickkontakt, bei dem sich die Gegner fest in die Augen schauen, wird vermieden. *Der Wolf vermittelt den Eindruck, dass er aktuell lieber nicht anwesend sein möchte. Beim Anblick dieses Wolfs kann man sich des Gefühls nicht erwehren, dass er im nächsten Augenblick eine Kehrtwende machen und dann in einem Tempo flüchten möchte, als wäre der Teufel hinter ihm her.*

Dieser Wolf droht sehr sicher.

Kommt es in seltenen Fällen innerhalb eines Rudels zu größeren Streitereien zwischen zwei erwachsen Wölfen, passiert oftmals Folgendes: Der unterlegene Wolf wirft sich auf den Rücken, zieht die Beine an und reckt seinen Hals ganz lang. Dieses Recken des Halses ist eine Unterwürfigkeitsgeste, bei welcher dem überlegenen Tier die Kehle zum Biss angeboten wird. Sie bedeutet, ich gebe auf und beweise das, indem ich dir meine Kehle (als die gefährdetste Stelle des gesamten Körper) zum tödlichen Biss anbiete. Ein Biss erfolgt allerdings nie, da die Unterwürfigkeitsgeste beim überlegenen Wolf eine sofortige Beißhemmung auslöst, die genetisch determiniert ist. Der Sieger wendet sich stattdessen entweder ab, oder er beschnüffelt die Leisten- und Genitalgegend des Unterlegenen.

Der Geruchssinn ist, wie bereits erwähnt, der am besten entwickelte Sinn bei den Wölfen. So kann eine Wolfsmutter ihre Welpen eindeu-

Der Wolf rechts zeigt eine typische Abwehrhaltung.

tig am Geruch identifizieren und von denen fremder Wölfinnen unterscheiden. Auch kommunizieren erwachsene Wölfe über Geruchsstoffe, die während der Hitze im Harn von Wölfinnen enthalten sind. Die Rüden registrieren anhand dieser Geruchstoffe exakt, wann bei der Wölfin die Bereitschaft zur Paarung am größten ist und damit die besten Chancen für eine erfolgreiche Befruchtung der Eizellen bestehen. Indem Wölfe die Schnauzen von Artgenossen beschnuppern, erhalten sie sogar Informationen, wann diese zuletzt gefressen haben und um welche Nahrung es sich dabei gehandelt hatte.

Die beiden wichtigsten Formen zur akustischen Kommunikation sind das Heulen (auf dieses wird im nachfolgenden Kapitel ausführlich eingegangen) und das Bellen. Während Wölfe das Heulen vor allem als Kommunikationsform im Fernbereich nutzen, wenden sie das Bellen hauptsächlich im Nahbereich an. Letzteres klingt wie ein kurzes »Wuff«. Es

Der liegende Wolf zeigt die typische Unterwürfigkeitsgeste.

ertönt zumeist bei einer zufälligen Begegnung mit rudelfremden Wölfen oder sonstigen wehrhaften Tieren und dient fast ausschließlich dazu, die Mitglieder des Rudels zu warnen und in Alarmbereitschaft zu versetzen. Weil dies in der Natur jedoch relativ selten vorkommt, beschränkt sich das Bellen bei den Wölfen, im Gegensatz zum Bellen des Haushunds, auf ein Minimum. Dieser Unterschied tritt bereits bei Spielen von Wolfs- und Hundewelpen deutlich zutage. Während Hundewelpen bei ihren ausgelassen Spielen zu einem großen Teil bellend kommunizieren, verständigen sich junge Wölfe viel häufiger über ihre Mimik. Lediglich bei sozialen Kontakten mit den Eltern bellen die Wolfswelpen etwas öfter, wodurch sie zumeist ihre aktuelle Gemütslage, wie beispielsweise Angst oder Freude, zum Ausdruck bringen.

Das Heulen dient vor allem der Fernkommunikation.

Territoriale Besitzansprüche

Wolfsrudel beanspruchen ein bestimmtes Revier, in dem sie sich dauerhaft aufhalten und jagen können. Beim Durchstreifen dieses Reviers setzen die Wölfe alle 200 bis 300 Meter Urin ab. Das geschieht vor allem an markanten Objekten, wie etwa Bäumen, Sträuchern und größeren Steinen. Bei diesen markieren die Wölfe zumeist in der gleichen Körperhaltung wie Haushunde, indem die Rüden ein Hinterbein anheben und dann den Harn an das betreffende Objekt spritzen. Fähen urinieren bevorzugt mit nach vorn gebeugtem Körper, wobei sie die Hinterbeine fast wie in einer Hockstellung anziehen.

In regelmäßigen Abständen führen Wölfe Patrouillengänge an den Grenzen ihres Reviers durch, um diese intensiv zu markieren. Dabei setzen sie nicht nur Urin, sondern auch reichlich Kot ab. Diese Ausscheidungen geben über mehrere Tage Duftstoffe ab, die benachbarten Rudeln oder einzelnen Wölfen, die noch auf Reviersuche sind, anzeigen, dass das betreffende Territorium nicht mehr frei ist. Je frischer dabei die vom Harn und Kot verströmten Geruchsstoffe sind, desto stärker schrecken sie andere Wölfe ab. Das bedeutet aber nicht, dass keine »Grenzübertritte« bei Wölfen vorkommen. Falls ein benachbartes Rudel oder ein einzeln herumstreifender Wolf diese Grenzen nicht akzeptiert, versuchen die Revierinhaber zunächst, den Konflikt mit Drohgebärden zu lösen. Zumeist genügen diese, um die oder den Eindringling(e) dauerhaft aus dem Revier zu vertreiben. Wenn in sehr seltenen Fällen die Drohgebärden von den anderen Wölfen ignoriert oder sogar mit großer Selbstsicherheit erwidert werden, kommt es meist zum Kampf, bei dem sich die Tiere schwerste Verletzungen zuziehen oder sogar getötet werden können. In zahlreichen Ländern Europas, darunter auch Deutschland und Österreich, kommen derartige Revierkämpfe gegenwärtig kaum vor. Das liegt vor allem daran, dass in diesen Ländern verhältnismäßig wenige Wolfsrudel leben und somit noch genügend freie Reviere vorhanden sind, in denen sich Wölfe ansiedeln könnten. Falls die Populationsdichte aber zunehmen sollte, sind solche Kämpfe, die auch der natürlichen Bestandsregulierung dienen, nicht mehr auszuschließen.

Außer der geruchlichen Markierung ihres Reviers zeigen Wölfe ihre Territorialansprüche auch durch Heulen an. Damit teilen sie benach-

Durch Heulen zeigen Wölfe ihren Territorialanspruch an.

barten Rudeln ihren Standort sowie die Stärke des eigenen Rudels mit, da sich alle erwachsenen Exemplare am Heulen beteiligen.

Die Wölfe in den benachbarten Revieren erwidern das Heulen, wodurch ein reger Informationsaustausch entsteht, ohne dass sich die Tiere dabei sehen müssen. Anhand der wahrgenommenen Lautstärke können die Wölfe ziemlich genau abschätzen, wie weit benachbarte Rudel entfernt sind. Selbst in stark bewaldeten Gebieten nehmen Wölfe das Heulen ihrer Artgenossen noch über Entfernungen von bis zu elf Kilometern war. In der Tundra, wo nur eine spärliche Vegetation vorhanden ist, hören die Wölfe das Heulen der Artgenossen sogar bis zu 16 Kilometer weit. Erfolgt keine Erwiderung auf das Heulen, erhält das betreffende Rudel dadurch die Gewissheit, dass sich in den angrenzenden Territorien keine Artgenossen aufhalten.

Außerdem dient das Heulen gelegentlich auch dazu, einem abgesprengten Individuum den aktuellen Aufenthaltsort des Rudels anzuzeigen, damit dieses auf dem schnellsten Weg »nach Hause« findet, um sich der Gruppe wieder anzuschließen.

Wenn Wölfe heulen, strecken sie ihren Hals und richten dabei den Kopf mehr oder weniger gen Himmel. Basierend auf dieser Körperhaltung entstand die mancherorts noch immer vertretene Meinung, Wölfe würden den Mond anheulen. Diese Behauptung ist aber schlichtweg falsch und lässt sich bereits dadurch entkräften, dass Wölfe ihre Heulaktivitäten auch in Nächten zeigen, in denen der Mond nicht sichtbar ist.

Der Sinn des nach oben gerichteten Kopfes sowie des gestreckten Halses besteht allein darin, die Reichweite des Heulens zu maximieren, denn in den meisten Fällen befinden sich über den Tieren keine »schallschluckenden« Gegenstände, wie beispielsweise die dicht mit Nadeln besetzten Äste einer Fichte oder Kiefer. Dadurch kann sich der Schall weitgehend ungehindert und somit auch weiter ausbreiten.

Typische Heulhaltung eines Wolfs mit gestrecktem Hals und gen Himmel gerichteter Schnauze.

Die Heulaktivitäten unterliegen sowohl tages- und jahreszeitlichen als auch regionalen Schwankungen. Bei Beobachtungen im US-Bundesstaat Minnesota wurde beispielsweise festgestellt, dass die dortigen Wölfe nur zwischen 19 und 10 Uhr (Ortszeit) ihr Geheul ertönen lassen. Besonders häufig war es zwischen 23 und 5 Uhr, also zur Zeit der größten nächtlichen Dunkelheit, zu hören. Von Mai bis Juli gab es keinerlei Heulaktivitäten. Die setzten erst wieder im Juli ein, sanken von August an etwas ab, um im September einen erneuten Anstieg zu erfahren, welcher zwischen Ende Oktober und Anfang November sein Maximum erreichte. Bis März wurde weiterhin auf hohem, jedoch

Die Heulaktivität variiert während des Jahres. Im Sommerhalbjahr wird weniger geheult als im Winter.

nicht maximalem Niveau geheult. Zwischen März und Mai sank die Aktivität wieder und erlosch Anfang Mai gänzlich.

Bei Analysen von Wolfsrudeln, die in der Umgebung von Moskau lebten, wurde festgestellt, dass deren maximale Heulaktivität nicht wie bei ihren nordamerikanischen Vettern zwischen Oktober und November, sondern zwischen Dezember und Februar liegt. In diesem Zusammenhang wäre es bei künftigen Untersuchungen sicherlich auch sehr interessant, ob es nicht nur regionale, tages- und jahreszeitliche Schwankungen gibt, sondern auch relevante Abweichungen zwischen den Wolfunterarten existieren.

Die Reviergröße kann zwischen den jeweiligen Rudeln stark variieren und von 85 bis über 1000 km^2 reichen; in Mitteleuropa liegt die durchschnittlich beanspruchte Fläche zwischen 150 und 350 km^2.

Bis vor einigen Jahren ging man meist davon aus, dass Wölfe große, weitgeschlossene Waldgebiete als Lebensräume benötigen, doch das hat sich als Irrtum herausgestellt. Waldgebiete begünstigen zwar die Ansiedlung und Entwicklung von Wölfen – zwingend erforderlich sind sie jedoch nicht. Aufgrund seiner hohen Intelligenz und Anpassungsfähigkeit, die sich auch darin äußert, dass der Wolf ein Kulturfolger ist, kommt er mit den meisten Landschaftstypen Mitteleuropas gut zurecht. Wichtig ist nur, dass sich neben Wasser in einem Wolfsrevier Bereiche befinden, in denen die Jungen weitgehend ungestört zur Welt gebracht werden können, und sichere Rückzugsrefugien vorhanden sind.

Entscheidende Einflussfaktoren auf die Reviergröße sind die Populationsdichte, die Mitgliederzahl des Rudels, der Jagddruck durch den Menschen (falls die Wölfe in dem betreffenden Gebiet nicht unter Schutz stehen), die Nahrungskonkurrenten und vor allem die in dem Gebiet vorhandenen Beutetiere. Tendenziell ist ein Revier umso kleiner, je umfangreicher und vielfältiger der potenzielle Beutetierbestand ist. Eine Vielfalt unter den Beutetieren gewährleistet zugleich günstigere Überlebenschancen für die Wölfe, falls der Bestand einer Art – beispielsweise infolge einer Seuche – nahezu gänzlich zusammenbricht. Aufgrund ihrer hohen Flexibilität weichen Wölfe dann verstärkt auf andere Beutetiere aus.

Vor allem in Regionen, die weniger stark von Menschen besiedelt sind, beziehen Wölfe nicht selten auch kleinere Ortschaften in ihr Revier mit ein. Es gibt immer wieder glaubwürdige Berichte, wonach Wölfe mitten durch abgelegene kleine Walddörfer streifen, wie sie beispielsweise noch häufig in Sibirien und den rumänischen Karpaten anzutreffen sind. Dieses Verhalten liegt darin begründet, dass Wölfe zum einen äußerst lernfähig, und zum anderen auch sehr bequem sind. Sie quälen sich nicht durch dichtes Unterholz oder über steinige Hänge, wenn sich eine Dorfstraße oder ein Waldweg als eine weitaus leichter zu passierende Verbindung zwischen zwei Revierabschnitten erweist.

Auf dem Waldweg läuft es sich sehr gemütlich.

Tierische Konkurrenten

Der Wolf gehört zu den sogenannten Gipfel- oder Spitzenräubern. Unter Gipfelräubern versteht man in der Zoologie die nicht streng definierte Bezeichnung für eine Art, die in ihrem jeweiligen Ökosystem am oberstes Ende einer Nahrungspyramide steht. Hierzu ein Beispiel: Zur typischen Nahrung vieler Lurche und Kriechtiere gehören Insekten, Spinnen, Würmer und Nacktschnecken. Neben kleinen Nagern, Fischen und Vögeln sind diese Lurche und Kriechtiere Bestandteile im

Der Wolf ist ein Gipfelräuber. Hier hat es ein Exemplar auf eine Hirschkuh abgesehen.

Nahrungsspektrum der Ringelnatter. Diese wird unter anderem von Wildschweinen gefressen, welche zu den Beutetieren des Wolfs gehören. Somit ernährt sich der Wolf indirekt auch von Insekten, Spinnen, Würmern, Nacktschnecken. Normalerweise haben Gipfelräuber keine natürlichen Feinde.

Das Jagen im Rudel bietet dem Gipfelräuber Wolf den Vorteil, sein Beutetierspektrum zu erweitern und sich auf diese Weise zusätzliche Nahrungsquellen zu erschließen. So ist ein Rudel durchaus in der Lage, einen erwachsenen Elchbullen oder einen Bison zu überwältigen, wozu ein allein jagender Wolf normalerweise nicht fähig wäre.

Ein Wolfsrudel hat einen Bison gestellt.

Allerdings sind Wölfe in zahlreichen Lebensräumen nicht die einzigen Gipfelräuber. Viele Habitate werden von weiteren Gipfelräubern wie Braunbären (inklusive aller Unterarten wie Grizzly und Kodiakbär), Vielfraßen, Luchsen, Schneeleoparden, Pumas oder Tigern besiedelt. Hinzu kommen noch Altweltgeier und andere große Greifvögel. Die Beutetierspektren der Wölfe und anderer Gipfelräuber weisen zahlreiche Überschneidungen auf. So stellt z. B. der Sibirische Steinbock in einigen Wolfsbiotopen Russlands auch eine wichtige Beute für den Schneeleopard *(Panthera uncia)* dar. Ähnlich verhält es sich mit dem Reh, welches unter anderem zum typischen Beutetier von Luchsen und Wölfen zählt.

Beim Vielfraß handelt es sich genau wie beim Wolf um einen Gipfelräuber.

Die Art und Weise wie sich die einzelnen Gipfelräuber zueinander verhalten, kann dabei recht unterschiedlich sein. Es ist aber völlig normal, dass sich Gipfelräuber untereinander ihre Beute stehlen. Das geschieht insbesondere dann, wenn die gerissene Beute zeitweilig »unbeaufsichtigt« bleibt. Somit fungiert der Wolf einerseits als partieller »Nahrungsbeschaffer« für andere Gipfelräuber, profitiert anderseits aber auch von seinen Konkurrenten. Beispielsweise graben Braunbären in den Wintermonaten nicht selten von Schneelawinen verschüttete und verendete Tiere aus. Nachdem sie ihren Hunger an den Kadavern gestillt und den Fressplatz wieder verlassen haben, erscheinen häufig Wölfe, um sich an den »Resten« satt zu fressen.

Bei einem direkten Zusammentreffen unterschiedlicher Gipfelräubern hängt das jeweilige Verhalten davon ob, wie viele Exemplare aufeinandertreffen und wie ausgehungert die Tiere sind. So kann es passieren, dass ein Vielfraß *(Gulo gulo)*, der sehr kräftig ist und als äußerst angriffslustig gilt, einen einzelnen Wolf von einer kurz zuvor erlegten Beute vertreibt. Sich mit einem ganzen Wolfsrudel anzulegen, riskiert allerdings auch der hungrigste Vielfraß nicht. Stattdessen wird er dann versuchen, auf einem hohen Baum eine sichere Zuflucht zu finden.

Gegen ein ganzes Wolfsrudel haben auch weder der als Einzelgänger lebende Eurasische Luchs *(Lynx lynx)* noch sein Vetter, der Kanadische Luchs *(Lynx canadensis)*, eine Chance. Das scheinen die Tiere instinktiv zu wissen. Sobald ein Luchs mit einem Wolfsrudel zusammentrifft und keine Möglichkeit mehr zum Weglaufen besteht, ist er – ähnlich wie der Vielfraß – bestrebt, einen hohen Baum zu erklimmen.

Siedelt sich der seltene Sibirischer Tiger *(Panthera tigris altaica)*, der mit einem Gewicht von 150–300 kg die schwerste Großkatze der Welt ist, in einem Wolfsrevier an, ziehen sich die Wölfe zumeist aus dem Zentrum des neuen Tigerreviers zurück, ohne jedoch gänzlich abzuwandern.

Allerdings nimmt die Populationsdichte der Wölfe in Revieren ab, die komplett oder zumindest stark überlappend von Tigern bewohnt werden. Die Auseinandersetzung mit einem erwachsenen Sibirischen Tiger versucht ein Rudel unbedingt zu vermeiden. In einem direkten Kampf hätten die Wölfe gegen die urgewaltige Kraft, die furchtbaren Prankenhiebe und das mächtige Gebiss dieser Großkatze normalerweise keinerlei Erfolgsaussichten.

Der Puma *(Puma concolor)*, auch Berg- oder Silberlöwe genannt, gehört aufgrund des anatomischen Aufbaus seines Zungenbeins zu den Kleinkatzen. Hinsichtlich seiner Körpergröße sowie seines Gewichts (55–100 kg) kann der Puma jedoch durchaus einigen Großkatzenarten das »Wasser reichen«. Im Normalfall ist deshalb ein einzelner Wolf nicht in der Lage, einen ausgewachsenen Puma zu überwältigen. Ein Rudel hingegen kann das durchaus. Aus diesem Grund wandern Pumas zumeist aus ihren angestammten Territorien ab, sobald sich in diesen ein Wolfsrudel dauerhaft ansiedelt.

Bei Begegnungen zwischen Wölfen und Braunbären *(Ursus arctos)* gibt es scheinbar keine einheitlichen Verhaltensmuster. Ein Wolfsrudel, das an einer Beute frisst, versucht nicht selten diese zu verteidigen, wenn ein erwachsener Bär erscheint. Allerdings bleiben solche Verteidigungsversuche zumeist erfolglos, sodass die Wölfe zumindest so lange von der Beute weichen müssen, bis sich der Bär satt gefressen hat. Gleichzeitig wurde aber auch beobachtet, dass ein oder zwei Wölfe gemeinsam mit einem Grizzlybären *(Ursus arctos horribilis)* an einem Riss fressen. Wahrscheinlich ist der Bär in solchen Situationen »großzügig« und nimmt keine größere Notiz von den mitfressenden Wölfen. Ungeachtet dessen halten die Wölfe trotzdem so viel Sicherheitsabstand, dass sie sich nicht in unmittelbarer Reichweite der Tatzen des Bären befinden und einen Prankenschlag riskieren. (Es könnte ja sein, dass die Stimmungslage des Bären plötzlich umschlägt und er dann die Wölfe als störend empfindet.)

Ein Grizzly an einem Kadaver. Rings herum hoffen ein Wolf, ein Kojote und Raben, dass etwas für sie übrig bleibt.

Eine andere Situation besteht, wenn eine Bärin mit halbwüchsigen Jungen an einem von Wölfen besetzten Riss auftaucht. Dann duldet zwar manchmal die Braunbärin die Anwesenheit der Wölfe, ihre Jungen hingegen attackieren diese. Als wüssten die Wölfe, dass man eine Bärin nicht reizen sollte, weichen sie den Attacken der Jungbären geschickt aus, ohne selbst aggressiv zu werden. Andererseits riskieren Wölfe sehr viel, wenn sich ein Bär ihrer Wurfhöhle auf 150–100 m nähert. Dann startet insbesondere das Muttertier energische Attacken gegen den Bären, der dann zumeist die Flucht ergreift.

Im Unterschied zu Braunbären sind kleinere Bärenarten wie Kragenbären *(Ursus thibetanus)* oder der Amerikanische Schwarzbär *(Ursus americanus)* beim Zusammentreffen mit einem Wolfsrudel einer deutlich größeren Gefahr ausgesetzt. Gelingt es in einer solchen Situation einem im Kampf noch unerfahrenen Bären nicht, sich auf einen hohen Baum zu retten, kann diese tödlich für ihn enden.

Altweltgeier (unter diesem Begriff werden die Geier Europas, Asiens und Afrikas zusammengefasst) und andere große Greifvögel, allen voran Adler, konkurrieren mit den Wölfen oft um kleinere Beutetiere, zu denen beispielsweise Junggämsen gehören. Außerdem finden sich viele dieser Vögel als »Diebe« bzw. »Nachnutzer« an Wolfrissen ein. Ähnliches trifft auch auf zahlreiche Rabenvögel zu, die sich ebenfalls gern ein paar Brocken von erlegten Tieren holen. Ein derartig diebisches Verhalten ist auch von Füchsen, Kojoten und Marderhunden bekannt, die sich gern als Mitesser (wissenschaftlich spricht man von Kommensalen oder Tischgenossen) an Rissen einfinden, welche die Wölfe noch nicht aufgegeben haben. Kehren die Wölfe zu einem Zeitpunkt an ihren Riss zurück, an dem sich gerade Kommensalen bedienen, kann es für diese kritisch werden. Dann passiert es nicht selten, dass die Kommensalen ihr »Nahrung stibitzen« mit dem Leben bezahlen.

Dieser Schwarzbär stibitzt an einem Bison, den ein Wolfsrudel erlegt hat. Wenn das Rudel jetzt den Bären überrascht, kann es sehr unangenehm für ihn werden.

Familienplanung

In Eurasien werden Wölfe in freier Natur etwa im Alter von zwei Jahren geschlechtsreif. Im Unterschied zu Haushündinnen, die häufig zweimal pro Jahr ihre Empfängnisbereitschaft zeigen, sind Wolfsfähen monoöstrisch – sie werden nur einmal pro Jahr brünstig. Unabhängig davon steht im Rudel nur dem Alpha-Paar das Privileg der Paarung zu. Deshalb finden während der Paarungs- oder Ranzzeit, die in Abhängigkeit von den im jeweiligem Gebiet vorherrschenden Umweltbedingungen zwischen Januar und Anfang April (in Europa zumeist Ende Januar) liegt, gelegentlich Rangordnungskämpfe statt. Die dabei ausgefochtene Rangposition wird anschließend von allen Mitgliedern des Rudels akzeptiert, sodass in diesem für rund ein Jahr wieder weitgehend Ruhe herrscht.

Rüden bei einem Rangordnungskampf

Bei dem Alpha-Rüden und der Alpha-Fähe muss es sich nicht zwangsläufig um die größten oder stärksten Exemplare des Rudels handeln. Um anerkannt zu werden, ist es vor allem wichtig, dass die Alpha-Tiere eine gewisse Souveränität und Ruhe ausstrahlen und über reichlich Erfahrung verfügen, die sie befähigt, in Situationen, die sich für einzelne oder sogar alle Rudelmitglieder als kritisch erweisen, vorteilhafte Entscheidungen zu treffen.

Im Rahmen der Rangkämpfe gelingt es den zwei Jahre alten Jungwölfen zumeist noch nicht, eine Alpha-Position zu erlangen. Deshalb wandern sie entweder aus dem Rudel ab oder gedulden sich noch 1–2 Jahre, um dann erneut den Versuch zu unternehmen, die Alpha-Positionen zu erobern.

In seltenen Fällen wird außer der Alpha-Wölfin auch eine Jungwölfin trächtig. Dann schreitet die Alpha-Wölfin in der Regel regulierend ein, indem sie die Jungwölfin beim Geburtsvorgang so massiv stört, dass deren Welpen verenden. Hat die Alpha-Wölfin mit ihren Störmanövern

Die während der Ranzzeit aggressiver werdende Alpha-Wölfin attackiert eine Jungwölfin.

keinen Erfolg, beißt sie die Neugeborenen der Jungwölfin tot. Damit erhöht die Alpha-Wölfin die Überlebenschancen ihres eigenen Nachwuchses, da sie verhindert, dass sich die Rudelmitglieder bei der Pflege von zu vielen Welpen »verzetteln«. Des Weiteren sorgt sie dafür, dass die Wolfspopulation in der entsprechenden Region nicht zu rasch anwächst und es in der Folge zu einem überproportionalen Absinken bei Beutetierbeständen kommt. Außerdem handelt es sich bei den Jungwölfinnen fast immer um Blutsverwandte ersten Grades (Töchter), die vom Vater oder einem der Brüder gedeckt wurden. Durch das Töten der Welpen verhindert die Alpha-Wölfin somit auch, dass es zu einer verstärkten Inzucht im Rudel kommt.

Der Beginn der Ranzzeit kündigt sich bei den Wölfen bereits 1–2 Monate zuvor in einem veränderten Verhalten der Alpha-Wölfin an, deren Hormone dann allmählich »in Wallung geraten«. Sie wird zunehmend unruhiger und auch aggressiver.

Schließlich beginnt sie, einen für Wölfe betörenden Geruch zu verströmen und fordert die ausgewachsenen Rüden zum Spielen auf. Dieses »Herumflirten« der Alpha-Fähe löst beim Alpha-Rüden ein aggressiv-dominantes Verhalten aus. Er springt dann »störende« Nebenbuhler so heftig an, dass sie umfallen. Auf diese Weise demonstriert er seine Rangstellung und warnt die Konkurrenten davor, sich mit der Alpha-Wölfin zu paaren. Die Vorrangstellung bei der Paarung ist eines der wenigen Sonderrechte, die der Alpha-Rüde innerhalb der flachen Hierarchie eines Rudels genießt. Parallel dazu widmet der Alpha-Rüde der Alpha-Wölfin überdurchschnittlich viel Zeit. Er behält seine Partnerin jetzt nicht nur ständig im Auge und bleibt fast immer in ihrer Nähe, sondern schnuppert häufig an ihrer Genitalregion und umgarnt sie mit Zärtlichkeiten, indem er seine Pfoten auf ihre Schultern legt oder sich an diesen reibt. Die Zärtlichkeiten werden von der Alpha-Wölfin mit zunehmender Häufigkeit erwidert. Des Weiteren schläft das »verliebte« Paar in dieser Phase der Ranzzeit auch immer nah beieinander.

Um sich zu paaren, sondern sich die Alpha-Tiere für einige Tage vom Rudel ab. Außerdem urinieren die Wölfe während der Paarungszeit überdurchschnittlich oft und beschnuppern immer wieder den abgesetzten Harn des Partners.

Zur Paarung springt der Rüde von hinten auf die Fähe auf und führt seinen Penis in deren Vagina ein. Dabei erhält der Penis durch den Librarynochen (Os penis oder Balacum) viel Stabilität. (Ein solches Balacum, das nicht durch Gelenke mit dem restlichen Skelett verbunden wird, ist nicht nur bei den Hundeartigen, sondern auch bei zahlreichen anderen Säugetieren vorhanden.) Damit die Fähe während der Kopulation möglichst ruhig steht, fixiert der Rüde mit seinen Vorderbeinen ihre Hüften. Die Kopulation wird mehrmals wiederholt. Dabei kommt es jedes Mal zu einem Blutstau in den Venen der Genitalien, die als Folgereaktion so stark anschwellen, dass sich die Partner für 15–20 Mi-

Verliebtes Wolfspaar

nuten nicht mehr voneinander trennen können. Dieser Zustand wird bei Wölfen (und Hundeartigen) als »Hängen« bezeichnet und ist vor allem für die Fähe sehr schmerzhaft. Der biologische Sinn des Hängens besteht darin, dass die Spermien des Alpha-Rüden einen zeitlichen Vorsprung erhalten, falls es doch einmal einem anderen Rüden gelingen sollte, sich später mit der Alpha-Wölfin zu paaren. Unter derartigen Bedingungen tendieren die Chancen, dass die Spermien des anderen Rüden noch Eizellen der Wölfin befruchten können, gegen Null. Am Ende der Hängephase fließt das in den Genitalien angestaute Blut allmählich ab, wodurch diese erschlaffen, sodass sich die Kopulierenden wieder voneinander trennen können.

Ein bis zwei Wochen nach der Paarung bleibt der Alpha-Rüde weiterhin ständig in der Nähe der Wölfin und behält sie dabei wachsam im Auge. Dieses Verhalten des Rüden sorgt dafür, dass auch in der jetzt langsam abklingenden Phase der Ranz kein Rudelgenosse die Alpha-Wölfin besteigt.

Bis zur Geburt der Welpen vergehen zumeist 63 Tage. Die Zeit der Trächtigkeit nutzt das gesamte Rudel, um Ausschau nach einer geeigneten Wurfhöhle zu halten. Diese kann eine Felshöhle, ein hohler Baumstamm oder eine Erdgrube sein. Bei den Erdgruben handelte es sich nicht selten um eine bereits vorhandene Tierbehausung, beispielsweise einen Fuchsbau, die noch etwas erweitert wird. Manchmal entscheiden sich die Wölfe auch wieder für jene Wurfhöhle, die bereits in den Vorjahren als Kinderstube diente.

Wurfhöhle eines Wolfsrudels

Falls keine geeignete Höhle gefunden wird, beginnt die Alpha-Fähe eine solche zu graben, wobei sie Unterstützung vom gesamten Rudel erhält. Die Wölfe achten äußerst akribisch darauf, dass die Höhle weder Kot- noch Uringeruch verströmt, denn dieser könnte Braunbären als potenzielle »Störenfriede« anlocken. Der Eingangsbereich der Höhle ist normalerweise sehr eng, sodass die trächtige Wölfin gerade noch hineinkriechen kann. Ein 1–6 Meter langer Gang führt dann zur eigentlichen Kinderstube. Bei dieser handelt es sich um eine Ausbuchtung am Ende des Gangs. Die Wölfe sorgen außerdem dafür, dass sich neben der geplanten Geburtshöhle noch weitere Höhlen in der Umgebung befinden. Diese fungieren als mögliche Ausweichquartiere, um die Welpen bei einer massiven Störung, schnell dorthin tragen zu können.

Viele Weibchen halten sich im letzten Drittel ihrer Trächtigkeit fast nur noch in der Nähe der künftigen Wurfhöhle auf. Sie werden dann von den übrigen Rudelmitgliedern mit Nahrung versorgt. Kurz vor der Geburt kriecht die Alpha-Wölfin in die Höhle und verwehrt anschließend allen anderen Rudelmitgliedern den Zutritt.

Das Geschlechterverhältnis unter den Welpen ist weitgehend ausgeglichen.

Genau wie beim Menschen beginnt der Geburtsvorgang mit dem Einsetzen der Wehen. Danach kommen in Abständen von wenigen Minuten die Jungen zur Welt, wobei ein durchschnittlicher Wurf 3–8 Welpen umfasst. (In Extremfällen bewegt sich die Zahl der geborenen Welpen zwischen 1 und 13 Exemplaren). Das Geschlechterverhältnis in den Würfen zeigt einen minimalen Überschuss an männlichen Welpen. Dieser ist jedoch so gering, dass man ihn vernachlässigen und von einem ausgeglichenen Geschlechterverhältnis sprechen kann.

Ein Problem bei größeren Würfen (über 6 Welpen) besteht zumeist darin, dass oft nicht alle Jungen ausreichend mit Muttermilch versorgt werden können. Die stärkeren Jungen drängen mit zunehmendem Alter ihre schwächeren Geschwister immer häufiger von den vorderen, besonders milchreichen Zitzen ab. Das führt dazu, dass regelmäßig abgedrängte Junge schwächeln und anfälliger für Erkrankungen werden, was ein Grund für die hohe Sterblichkeitsrate unter den Welpen ist. So brutal dieses Verhalten im ersten Moment erscheinen mag, ist es aus Sicht der Natur durchaus sinnvoll. Für das erfolgreiche Fortbestehen eines Wolfsbestandes ist es wesentlich effektiver, wenn von einem Wurf beispielsweise drei kräftige Jungwölfe heranwachsen als sieben schwächliche, welche später nicht die Leistungsfähigkeit eines »normalen Durchschnittswolfs« erreichen.

Die Welpen kommen blind und taub zur Welt, besitzen aber schon Fell, das sich sehr weich anfühlt. Im Unterschied zu den Altwölfen ist dieses Fell jedoch nicht kontrastiert, sondern einfarbig dunkel. Doch bereits im Sommer beginnt sich die Färbung des Fells zu verändern und gleicht sich zunehmend der der Altwölfe an. Außerdem haben die Welpen bei der Geburt noch keine Steh- sondern Hängeohren.

In Abhängigkeit von der Wurfgröße schwankt das Geburtsgewicht der Welpen zwischen 300 und 500 g. Unmittelbar nach der Geburt werden sie von der Mutter trockengeleckt. Bald danach beginnen die Welpen erstmalig nach den mütterlichen Zitzen zu suchen. Dieses Suchen nach der Milchquelle ist eine angeborene und zugleich überlebensnotwendige Verhaltensweise. Wenn sie satt sind, beginnen die Welpen zu schlafen. Mitunter passiert es sogar, dass der eine oder andere Welpe schon während des Saugens an der Zitze einschläft. Während der ersten drei Tage bleibt die Mutter ständig bei ihrem Nachwuchs und auch in der Folgezeit verlässt sie die Wurfhöhle nur gelegentlich für kurze Zeit.

In ihren ersten zwei Lebenswochen gibt es für die Welpen eigentlich nur zwei »Beschäftigungen« – Schlafen und Milch saugen. Zwischen

Das Fell der Welpen ist zunächst dunkel.

der zweiten und einschließlich vierten Lebenswoche durchlaufen die Welpen dann die sogenannte Prägungsphase.

Als **Prägungsphase** bezeichnet man die sich wenige Tage nach der Geburt anschließende Zeitspanne, in welcher irreversible Formen des Lernens stattfinden. Es handelt sich bei der Prägungsphase um einen sehr kurzen, genetisch festgelegten Lebensabschnitt, in dem Reaktionen auf Reize aus der Umwelt dauerhaft ins eigene Verhaltensrepertoire aufgenommen werden, sodass diese später wie angeboren erscheinen.

Anfänglich sind die Jungen noch nicht in der Lage, ihre Körpertemperatur ausreichend selbst zu regulieren, weshalb sie auf zusätzliche Wärmequellen angewiesen sind. Diese finden die Welpen, indem sie sich an ihre Mutter und die Geschwister kuscheln, wodurch der individuelle Wärmeverlust deutlich minimiert wird. Ab dem 9. Lebenstag sind der Geruchs- und der Geschmackssinn voll entwickelt.

Zwischen dem 11. und 15. Lebenstag öffnen sich die Augen, sodass die Kleinen erstmalig ihre Mutter und die Geschwister optisch wahrnehmen können. Außerdem beginnen sie zu laufen und geben knurrende Laute von sich. Zu diesem Zeitpunkt werden auch die Spitzen der Zähnchen des Milchgebisses sichtbar und die Welpen zeigen erste Kaubewegungen. Bis zum 20. Lebenstag haben sich die Ohren aufgerichtet und das Gehör der Kleinen erlangt seine volle Funktionstüchtigkeit.

Die Welpen verlassen nun zeitweilig die Wurfhöhle und spielen mit den Geschwistern. Unabhängig davon, dass sie noch weitere 3–6 Wochen von ihrer Mutter gesäugt werden, sind die Welpen jetzt bereits in der Lage, feste Nahrung zu sich zu nehmen. Von diesem Zeitpunkt an beteiligen sich auch alle Rudelmitglieder aktiv an der Betreuung der Welpen. Wenn Rudelmitglieder, die für einige Stunden abwesend waren, zurückkehren, finden regelrechte Begrüßungszeremonien statt.

Die Welpen verlassen von ihrem 20. Lebenstag an zeitweilig den Bau.

Hierzu stürmen die Welpen auf die älteren Artgenossen zu und beginnen diese intensiv an der Schnauze zu lecken. Ihre Freude zum Ausdruck bringend, wedeln die Jungen außerdem kräftig mit den Schwänzen. Die Altwölfe lassen sich nicht nur ausgiebig an der Schnauze lecken, sondern würgen oft auch Futter aus ihren Mägen heraus, welches die Welpen sofort fressen.

Zeitlich geht die Prägungsphase der Welpen relativ schnell in die sogenannte Sozialisierungsphase über.

Unter der **Sozialisierungsphase** versteht man die Aneinanderreihung sensibler Abschnitte, in denen ein besonders einprägsames Lernen stattfindet. Diese Phase setzt voraus, dass alle Sinnesleistungen bereits voll entwickelt sind und somit ein generelles Erfassen von Wahrnehmungen über Nase, Ohren und Augen möglich ist.

Welpen, die um Futter betteln

Während des Spiels erlernen die Welpen Teile des »Wolfseinmaleins«.

Bis zur Sozialisierungsphase wirkt das Erscheinungsbild der Welpen noch sehr unbeholfen. Doch dann setzt bei ihnen an zahlreichen Körperteilen ein rasantes Längenwachstum ein, wodurch die Jungwölfe zeitweilig etwas unproportioniert aussehen.

Während der Sozialisierungsphase der Jungen begibt sich das Rudel häufig mit ihnen auf Flächen, die sowohl viel Platz für die spielerischen Aktivitäten als auch ausreichend Rückzugs- und Deckungsmöglichkeiten bieten. Bei diesen »Ausflügen« erlernen die Jungen Teile des »Wolfseinmaleins«, welches unter anderem das gesamte Repertoire der Körpersprache, die wichtigsten innerartlichen Verhaltensweisen und das Grundwissen der Jagd umfasst. Die Welpen üben beispielsweise an ihren gleichaltrigen Geschwistern, wie man Tiere anspringt und beißt. Um gegenseitige Verletzungen zu vermeiden, werden die Bisse dabei nur angedeutet.

Streunender Jungwolf

Die Kleinen müssen während dieser Phase auch allmählich lernen, die Individualdistanz zu respektieren. Dabei handelt es sich je nach Situation um den Bereich, in welchem ein erwachsener Wolf keinen Artgenossen um sich herum duldet. Döst beispielweise ein erwachsenes Rudelmitglied, ist es meist nicht daran interessiert, dass sich direkt neben ihm ein anderer Wolf aufhält oder herumtollende Jungwölfe stören.

Von der 13. Lebenswoche an nimmt das Rudel die Jungen gelegentlich mit auf Streifzüge, damit sie die Umgebung und das Verhalten in verschiedenen Lebenssituationen besser kennen und verstehen lernen. Zwischen der 16. und 20. Lebenswoche beginnt der Zahnwechsel, bei dem sämtliche Milchzähne ausfallen und durch die sogenannten bleibenden Zähne ersetzt werden. In der 27. bis 28. Woche ist der Zahnwechsel abgeschlossen. Das ist in etwa auch die Zeit, in der die Jungen erstmalig die Altwölfe auf die Jagd begleiten. Die Jungen sind dann fast schon so groß wie ihre Eltern, auch wenn ihr Skelettwachstum erst nach einem Jahr komplett abgeschlossen ist. Außerdem weisen sie zu diesem Zeitpunkt noch nicht das Köpergewicht der Altwölfe auf. Dieses erreichen sie erst im Alter von knapp zwei Jahren.

Mit zunehmendem Alter tendieren die Jungwölfe im Revier des Rudels immer stärker zum Streunen. Dabei beginnen sie, allein zu jagen und vertreiben Aasfresser von Rissen. Außerdem helfen sie, den eigenen Rudelverband gegen benachbarte Rudel zu verteidigen.

Nahezu alle Jungwölfe verlassen irgendwann das Rudel, um in einem anderen Territorium ein eigenes Rudel zu gründen oder sich in Ausnahmefällen einem bereits vorhandenen anzuschließen. Diese Abwanderung erfolgt zwischen dem 12. und 50. Lebensmonat, wobei sich die meisten Wölfe in einem Alter von etwa 2 Jahren dafür entscheiden, eigene Wege zu gehen.

Jungwölfe erkunden ihr Revier.

Auf Wanderschaft

Wie weit sie anschließend wandern, hängt vor allem von der Populationsdichte ab. Tendenziell sind die Wanderungen umso kürzer, je weniger Wolfsrudel in einem Gebiet leben und somit mehr freie Revierfläche zur Verfügung steht. Ist die Populationsdichte hingegen sehr hoch, wandern Wölfe mitunter 300 bis 1000 km weit, um ein freies Revier zu finden. Dabei legen sie den Großteil der Wanderstrecken in einem leichten Trab zurück, wobei sie instinktiv am liebsten sogenannte Wolfskorridore oder -pfade nutzen. Dabei handelt es sich vorwiegend um stark bewaldete Landschaftsbereiche, die Wölfen ausreichend Deckung bieten, sodass sie weitgehend unbemerkt vorankommen.

In den meisten Fällen finden die Wölfe rings um diese Wolfspfade ausreichend Beutetiere, wodurch ihre Ernährung gesichert ist – die die Grundlage für eine schnellere »Reisegeschwindigkeit« darstellt. Manche Wölfe haben es auf ihrer Wanderschaft besonders eilig und legen mehr als 70 km pro Tag zurück.

Auf ihren Wandungen halten die Wölfe ständig Ausschau nach einem geeigneten Partner, respektive einer Partnerin. Findet sich ein Paar, wird als nächstes ein Revier gesucht, in dem sich die Tiere dauerhaft niederlassen wollen. Dabei ist es für die Suchenden besonders vorteilhaft, wenn sie sich in einem unbesetzten Revier ansiedeln können. Steht kein solches zur Verfügung, müssen sie versuchen, einem alten (schwachen) Rudel ein solches streitig zu machen, was jedoch immer mit einem Kampf verbunden ist, bei dem nicht selten das suchende Paar den Kürzeren zieht.

Im gegenwärtig noch spärlich von Wölfen besiedelten Mitteleuropa finden wandernde Exemplare mitunter lange keinen Partner. Dann passiert es gelegentlich, dass sie sich mit streunenden oder verwilderten Haushunden paaren und anschließend Mischlingswelpen hervorbringen. Solche Mischlinge werden auch als Hybriden oder Bastarde bezeichnet. Sie sind sowohl Naturschützern als auch Jägern ein Dorn im Auge, weil sie im Falle einer weiteren Fortpflanzung eine genetische Verfälschung des Wolfsbestandes bewirken.

Er ist wieder da

Frühe Versuche der Ausrottung

In Europa begann die systematische Verfolgung des Wolfs im 14. Jahrhundert. Gelegentliche Wolfsjagden fanden allerdings schon zu Zeiten Karls des Großen statt, also vor rund 1200 Jahren. Ein Grund für diese Jagden lag in der Natur des Wolfs, denn seine bevorzugten Beutetiere waren groß und wurden auch gern vom Adel als Wildbret erlegt. Deshalb sahen die Adeligen in ihm einen unerwünschten Jagdkonkurrenten, dem sie nachstellten. Aber auch die Bauern, die im Mittelalter zahlenmäßig größte Bevölkerungsgruppe, standen zunehmend mit den Wölfen »auf Kriegsfuß«. Das lag vor allem daran, dass Wölfe oft Haustiere rissen, welche die wichtigste Lebensgrundlage der Landbevölkerung waren.

Darstellung einer mittelalterlichen Wolfsjagd

Die Tatsache, dass zahlreiche mitteleuropäische Wolfbestände bis Anfang des 19. Jahrhundert erhalten blieben, hatte verschiedene Gründe. So waren beispielsweise im frühen Mittelalter die Jagdwaffen und -techniken noch nicht so effektiv, um erfolgreich eine regelrechte Ausrottungskampagne gegen den Wolf zu starten. Zudem führten verheerende Seuchen, wie die im 14. Jahrhundert in Mitteleuropa rasant um sich greifende Pest, sowie große kriegerische Auseinandersetzungen, wie der Dreißigjährigen Krieg (1618–1648), dazu, dass ganze Landstriche entvölkert wurden und sich die Wolfsbestände in der Folge immer etwas regenerieren konnten. Als sich einige Jahre nach Ende des Dreißigjährigen Krieg das Leben in Mitteleuropa wieder weitgehend normalisiert hatte, »erinnerte« man sich wieder an den Wolf und startete eine Kampagne zu dessen Ausrottung. So organisierte der Adel zahlreicher deutscher Kleinstaaten zunehmend häufiger große Jagden, an denen unter Androhung strengster Strafen sämtliche Bauern und einfache Bürger als Treiber teilnehmen mussten. Die Jagden fanden vorwiegend in den Wintermonaten statt und dauerten zumeist mehrere Tage. Diese »Ausrottungsfeldzüge« brachten vielerorts das erhoffte Resultat. Amtlichen Meldungen zufolge wurden beispielsweise um das Jahr 1850 die letzten Hinweise auf ein bis dahin noch in Brandenburg lebendes Rudel gefunden. Im März 1904 berichteten verschiedene Zeitungen, dass der letzte deutsche Wolf – welcher den Beiname »Tiger von Sabrodt« erhielt – in der Nähe von Hoyerswerda (Freistaat Sachsen) erlegt wurde. Vermutlich handelte es sich bei diesem Exemplar jedoch um keinen bodenständigen deutschen Wolf, sondern um ein aus Polen eingewandertes Tier.

Der Wolf – nie ganz verschwunden?

Sehr wahrscheinlich war das Gebiet der heutigen Bundesrepublik aber auch nach 1904 nie über einen längeren Zeitraum völlig wolfsfrei. So liegen gesicherte Angaben vor, dass zwischen 1945 und 1990 auf den Gebieten der früheren DDR und der BRD 22 Wölfe erlegt wurden. Bei ihnen handelte es sich, ähnlich wie beim »Tiger von Sabrodt«, mit an Sicherheit grenzender Wahrscheinlichkeit um Tiere, die aus Ost- bzw. Südosteuropa eingewandert waren. Speziell Westpolen stellt das Hauptherkunftsgebiet für die meisten der nach Deutschland eingewanderten Wölfe dar. Das dürfte auch auf die Eltern jener Welpen zutreffen, die im Jahr 2000 in Sachsen erstmalig seit der zwischenzeitlichen Ausrottung wieder für Nachwuchs sorgten. Kurz darauf kamen von einem weiteren vermeintlichen Wolfspaar neun Welpen zur Welt. Es stellte sich aber bald heraus, dass diese Jungen keine reinen Wölfe, sondern Wolf-Hund-

Der erlegte »Tiger von Sabrodt«

Mischlinge waren. Einige dieser Jungen starben in den folgenden Jahren, die restlichen wurden eingefangen.

Ein ähnlicher Fall ereignet sich auch im Jahr 2017 in der Nähe von Gotha (Freistaat Thüringen). Eine zugewanderte Wölfin hatte sich auf dem Gelände eines ehemaligen Truppenübungsplatzes mit einem Haushund verpaar und sechs Welpen zu Welt gebracht. Alle Versuche, die Mischlinge einzufangen, schlugen fehl, weshalb sie zum Abschuss freigegeben wurden.

Seit dem Jahr 2000 ist die Zahl der Wölfe in Deutschland stetig angestiegen. Im Jahr 2018 gab es bereits 73 nachgewiesene Rudel, 30

In den letzten Jahrzehnten ist in vielen Ländern ein Anstieg in den Wolfsbeständen zu verzeichnen.

Einzelpaare sowie drei Einzelgänger, die aber nicht (mehr) auf Wanderschaft waren, sondern dauerhaft in festumrissenen Territorien lebten. Zu den Bundesländern mit den gegenwärtig größten Wolfspopulationen gehören Bayern, Brandenburg, Mecklenburg-Vorpommern, Niedersachsen, Sachsen, Sachsen-Anhalt, Schleswig-Holstein und Thüringen. Diese Wolfskonzentrationen resultieren vor allem daraus, dass in den betreffenden Bundesländern – zumindest partiell – genügend Biotope existieren, die den Wölfen von ihrer landschaftlichen Beschaffenheit als Reviere zusagen und über ausreichend potenzielle Beutetiere verfügen.

In den letzten 20 bis 30 Jahren ist aber nicht nur in Deutschland ein Anstieg oder zumindest eine Stabilisierung der Wolfsbestände zu verzeichnen, sondern auch in vielen anderen mitteleuropäischen Ländern wie Österreich oder Polen. In Österreich war die Steiermark das Hauptverbreitungs- und letzte Rückzugsgebiet der Wölfe seit dem Mittelalter. Im Jahre 1882 wurde aber auch dort das letzte Exemplar erlegt. In der Folgezeit wanderten zwar gelegentlich noch Wölfe nach Österreich ein, sie konnten sich jedoch zunächst nicht dauerhaft etablieren, da sie immer wieder relativ schnell erlegt wurden. Die Situation änderte sich erst in den siebziger Jahren des 20. Jahrhunderts. Damals siedelten sich einige Wölfe im Grenzgebiet zwischen Österreich und dem heutigen Tschechien an. Außerdem begannen vor rund 10 Jahren Wölfe wieder verstärkt nach Österreich einzuwandern. Diese haben sich inzwischen dauerhaft etabliert. Interessant ist dabei, dass es sich bei den Einwanderern nicht etwa nur um Exemplare aus einer Region handelt, sondern um Wölfe aus den Westalpen, den Karpaten und vom Balkan.

Im Unterschied zum Anwachsen der Wolfbestände in den meisten Staaten Mitteleuropas vermelden einige Länder und Regionen seit mehreren Jahren rückläufige Bestandszahlen in ihren Wolfspopulationen. Zu diesen gehören Albanien, Finnland, Mazedonien, Portugal sowie die spanische Sierra Morena.

Verklärt und verflucht

Gegenwärtig wird über kaum ein anderes Wildtier so viel und vor allem so kontrovers diskutiert wie über den Wolf. Oftmals schaltet sich auch die Politik in diese Diskussion ein. Insofern es dabei wirklich nur sachlich um das Thema »Wolf« geht, ist das auch in Ordnung. Aber leider wird der Wolf viel zu häufig als politischer »Spielball« missbraucht, wie etwa zum Stimmenfang während eines Wahlkampfes oder um die Interessen unterschiedlicher Lobbyisten zu bedienen.

Pro und Contra

Ein Teil der Bevölkerung begrüßt es, dass sich Wölfe allmählich wieder in Deutschland ansiedeln. Sie argumentieren unteren anderem, dass diese Tiere zur typischen und vor allem ursprünglichen Fauna des Landes gehören. Die Wiederansiedlung von Wölfen würde zugleich einen

Mufflons gehören zu den beliebten Beutetieren des Wolfs.

Beitrag zur Erweiterung und Regenerierung der Artenvielfalt in Deutschland darstellen. Ähnliche Wiederansiedlungen anderer Tierarten, beispielsweise des Bibers *(Casor fiber)*, hatten sich vor wenigen Jahren als günstig und erfolgsversprechend erwiesen. Außerdem argumentieren die Befürworter, dass die Wölfe ihren Beitrag leisten könnten, um die Bestände größerer Wildtiere, wie etwa Hirsche, Rehe, Wildschweine und Europäischen Mufflons, zu regulieren. Auch wenn das Mufflon nicht zu den ursprünglichen Wildtieren Deutschlands gehört – es wurde erst vor gut 200 Jahren aus Korsika und Sardinien eingeführt und später ausgewildert –, hat heute vermutlich niemand ein Interesse daran, dass das Mufflons wider ganz aus Deutschland verschwindet.

Letzteres lässt sich jedoch nicht völlig ausschließen, denn nachdem in der Sächsischen Lausitz eine Wiederansiedlung des Wolfs stattgefunden hatte, rottet er die gesamte dortige Mufflon-Population aus. Ein Umstand, der den Wolfsgegner in die Hände spielt. Sie befürchten nicht nur den teilweisen oder gar völligen Zusammenbruch einzelner Beutetierbestände, sondern auch, dass Wölfe immer häufiger Haustiere reißen. Der Staat entschädigt zwar Landwirte, denen Tiere gerissen wurden und bietet außerdem Fördermöglichkeiten an (beispielsweise beim Kauf von Elektrozäunen), aber trotzdem erwachsen aus diesen Maßnahmen nur selten Sympathien für den Wolf.

Falls sich die Bestände weiter erhöhen, befürchten viele »Wolfsgegner« auch, dass zumindest einzelne Wölfe gelegentlich Menschen attackieren könnten. Außerdem schließen sie nicht aus, dass Krankheiten, die inzwischen als »besiegt« galten – wie etwa die Tollwut – wieder häufiger auftreten, weil mit dem Wolf ein weiterer potenzieller Überträger vorhanden ist.

Wie gefährlich ist der Wolf?

Fest steht, dass Wolfsattacken auf Menschen nicht der Normalfall sind. Im Gegenteil, zumeist meidet der Wolf den direkten Kontakt mit dem Menschen – aber eben nicht immer. So existieren eindeutige Nachweise, dass es in der Vergangenheit, wenn auch sehr selten, Wolfsattacken auf Menschen gab.

Viele Wissenschaftler bezweifeln allerdings, dass es sich bei allen als Wolfsattacken deklarierten Zwischenfällen auch tatsächlich um solche gehandelt hat. Vermutlich waren einige der vermeintlichen Wolfsattacken Angriffe verwilderter, streunender Hunde, die ein wolfsähnliches

Wolfsattacken auf Menschen kamen auch in früheren Zeiten vor – allerdings eher selten.

Erscheinungsbild besaßen – wie beispielsweise der Deutsche Schäferhund.

Bei der Auswertung tatsächlicher Wolfsangriffe, von denen einige für die Opfer tödlich endeten, wurde festgestellt, dass Kinder am häufigsten angegriffen werden. Frauen waren dagegen wesentlich seltener Angriffen ausgesetzt und Männer noch seltener. Die Wölfe scheinen also vor ihren Attacken genau abzuschätzen, wie wehrhaft die betreffenden Personen sind. In gewisser Weise deckt sich dieses Verhalten mit dem von Bärenpavianen *(Papio ursinus)*, welche in vielen Gebieten Afrikas die Felder der Bauern plündern. Wenn dann Kinder und Frauen mehr oder weniger zaghaft versuchen, die Paviane zu vertreiben, lassen sich die Affen nicht beeindrucken. Erscheinen dagegen Männer, ergreifen die Paviane die Flucht.

Wolfsangriffe sind zumeist auf einen der fünf nachfolgenden Aspekte zurückzuführen:

1. Krankheiten, allen voran die Tollwut, die dazu führt, dass die Wölfe mit fortschreitendem Krankheitsverlauf ein zunehmend atypisches

Verhalten zeigen. Sie verlieren dann gänzlich die Scheu vor dem Menschen, nähern sich ihm und beißen oft wild um sich.

2. Manchmal passiert es, dass sehr alte Wölfe aufgrund körperlicher Gebrechen nicht mehr in der Lage sind, ihre sonst typischen Beutetiere erfolgreich zu jagen. Auch ausgebrochene oder erkrankte Zähne können bei Wölfen ein verändertes Jagdverhalten und damit Attacken auf Menschen bewirken.
3. Eine Habituation. Darunter versteht man, dass es aufgrund von länger andauernden Gewöhnungen zu Unterdrückungen einzelner erlernter Verhaltensweisen kommt. Wenn beispielsweise die Wölfe in einem geschützten Gebiet leben, merken sie mit der Zeit, dass ihnen dort von den Menschen keinerlei Gefahr droht. Diese Tatsache kann wiederum dazu führen, dass die Scheu der Wölfe vor dem Menschen abnimmt und sich gleichzeitig die natürliche Fluchtdistanz erheblich verringert. Hinzu kommt, dass Wölfe, die bisher nie bejagt wurden, kaum Respekt vor Jagdwaffen haben. Situationen, in denen nach einem Schuss ein Artgenosse tot umfällt, sind ihnen unbekannt. In Gebieten, in denen Wölfe stärker bejagt werden, stellen sie dagegen

Vielerorts werden Wolfsbiotope in einem rasanten Tempo verändert, wobei zahlreiche von der Natur geschaffene Strukturen verloren gehen.

durchaus einen Kausalzusammenhang zwischen einem Schussgeräusch, einem tot umfallenden Artgenossen und dem Menschen her.

4. Situationen, die Wölfe als Provokation empfinden. Kommt beispielsweise ein Mensch zu nah an ihre Wurfhöhle, werden die Wölfe instinktiv ihre Jungen beschützen. Noch drastischer können derartige Begegnungen verlaufen, wenn der Mensch von einem Hund begleitet wird und dieser ganz gezielt auf die Wurfhöhle losstürmt.

   Ebenso würde ein in die Enge getriebener Wolf, der keine Möglichkeit zur Flucht sieht, angreifen – aber so würde sich auch jedes andere wehrhafte Tier verhalten.

5. Wenn sich die Biotope, in denen sich die Wölfe niederlassen, in einem rasanten Tempo verändern, die von der Natur geschaffenen Strukturen verloren gehen und durch künstliche ersetzt werden. Infolge solcher Strukturveränderung kann es sowohl zu einer Verknappung als auch zu einem Überangebot (allen voran die ausgeprägte Weidetierhaltung in der modernen Landwirtschaft) an Nahrung kommen. Der Mensch ist in diesen künstlich geschaffenen Lebensräumen ein ständiger Begleiter, an den sich die Wölfe mit der Zeit gewöhnen, und dann ähnliche Verhaltensmuster entwickeln, wie sie unter Punkt zwei vorgestellt wurden.

Verhalten beim Zusammentreffen

Verschiedene Natur- und Tierschutzorganisation haben in den letzten Jahren zahlreiche Flyer und Broschüren herausgegeben, wie man sich beim Zusammentreffen mit einem (gesunden) Wolf verhalten sollte. Sie alle raten dazu, sich selbstbewusst zu geben, damit der Wolf (insbesondere Jungwölfe sind oft sehr neugierig) auf Distanz bleibt. So soll man sich »groß machen«, um dem Wolf zu signalisieren »Hier bin ich. Ich bin stark, aber tue dir nichts. Also lass mich ebenfalls in Ruhe«. Zu diesem Zweck wird empfohlen, sich total aufzurichten, die Arme schräg nach oben auszubreiten und den Wolf laut (aber nicht brüllend) mit fester Stimme anzusprechen. Außerdem soll man sich auf einer gedachten, horizontal verlaufenden Linie mehrere Meter nach der einen und dann nach der anderen Seite bewegen. Dabei kann man auch gelegentlich in die Hände klatschen, um so zusätzlich akustisch zu demonstrieren »Ich bin hier und ich bleibe auch hier«. Das Ganze erfolgt mit ruhigen, kräftigen Schritten und aufrechter, entschlossener Körperhaltung, wobei man den Wolf stets anschaut (ohne ihn jedoch direkt in

Gegenüber einem neugierig beobachtenden Wolf sollte man sich möglich selbstsicher verhalten.

die Augen zu blicken, weil er das als Provokation empfinden würde) und ihn keinesfalls den Rücken zukehrt. Auf den Menschen übertragen, würde so in etwa das Drohverhalten eines Wolfs aussehen, der sich seiner Sache ziemlich sicher ist.

Soweit die Theorie. Aber mal ganz ehrlich, wie viele Menschen, die allein im Wald unterwegs sind und einem Wolf begegnen, haben die Ruhe und Nervenstärke, das vorab Empfohlene auch in die Praxis umzusetzen. Die meisten von uns würde vermutlich eher ein Gefühl der Angst beschleichen – und genau das sollte es eben nicht. In diesem Zusammenhang sei darauf verwiesen, dass Menschen etwa 350 verschiedene Gerüche abgeben, die für unterschiedliche Stimmungslagen, wie Freude, Wut und Traurigkeit, typisch sind. Mit dem sogenannten Angstschweiß verströmen wir ebenfalls solche Gerüche, die nachweißlich dazu beitragen, dass Hunde, die sich ohnehin schon im Angriffsmodus befinden, noch schneller zubeißen. Das ist beim Wolf nicht anders. Wenn wir sprichwörtlich »Die Hosen voll haben und der Angstschweiß scheinbar in Strömen« fließt, stärkt das die Position des Wolfs. Obwohl er vielleicht sonst sofort die Flucht ergriffen hätte, schöpft er jetzt neuen Mut oder betrachtet die Situation zumindest aus

einem anderen Blickwinkel. Falls wir dann noch schnell davonrennen, wirkt das beim Wolf als auslösender Reiz, worauf er oft mit Verfolgungsverhalten reagiert.

Dabei handelt es sich um eine ganz natürliche Verhaltensreaktion, denn die meisten Beutetiere des Wolfs sind klassische Fluchttiere. Wenn ein Mensch dagegen von diesem »erwarteten Fluchtmuster« abweicht, ist der Wolf zumindest irritiert bzw. beeindruckt, denn es gibt nur wenige Tierarten, die sich ähnlich verhalten. Und mit den meisten dieser Tiere, wie etwa dem Braunbär oder dem Tiger, möchte der Wolf lieber einem Kampf aus dem Weg gehen.

Begegnet man dagegen einem augenscheinlich an Tollwut erkrankten Wolf, der stark speichelt, weit aufgerissene Augen hat und teilweise unkoordinierte Bewegung macht, sollte man sich auf einen Baum oder ein anderes erhöhtes Objekt in Sicherheit bringen, um nicht gebissen zu werden. Hat sich das erkrankte Tier wieder entfernt, ist sofort der zuständige Amtstierarzt oder die Polizei zu benachrichtigen. Dabei ist es von großem Vorteil, wenn so exakt wie nur möglich beschrieben werden kann, wo das Zusammentreffen mit dem Wolf stattfand.

Wegrennen löst beim Wolf
oft ein Verfolungsverhalten aus.

Der hungrige Wolf

Nahrungsspektrum und Nutzen

Wölfe sind Generalisten, deren Nahrungsspektrum in vielen Regionen hauptsächlich aus mittelgroßen bis sehr großen Tieren, wie etwa Rehen, Wildschafen, Hirschen, Elchen, Steinböcken, Gämsen, Bisons, Moschusochsen, Rentieren, Schneeziegen und Antilopen (wie etwa Saigas) besteht. Allerdings verschmähen sie auch kleine Tiere wie Lurche, Kriechtiere, Hasen, Murmeltiere, Ziesel, Marderhunde, Waschbären, Füchse, Wühlmäuse oder Lemminge nicht. Letztere werden vor allem gern an die Jungen verfüttert. Wenn es den Wölfen gelingt, größere Vögel zu erbeuten, stellen diese ebenfalls eine willkommene Bereicherung des »Speiseplans« dar. Außerdem bereitet es Jungwölfen oftmals viel Spaß, größere Insekten zu fangen, die anschließend gefressen werden.

In Regionen, in denen saisonale Schwämmen an leicht zu erbeutenden Tieren auftreten, werden diese zur Ergänzung des Nahrungsspektrums genutzt. Dies erscheint auch sinnvoll, denn warum sollten sich Wölfe den Gefahren einer Jagd auf Großwild aussetzen, bei welcher sie selbst schwere Verletzungen davontragen können. Stattdessen ist es doch wesentlich besser, sich an dem zeitweilig »überreich gedeckten Tisch der Natur« satt zu fressen, an dem praktisch keinerlei Gefahr besteht. Ein solch »reich gedeckter Tisch« befindet sich beispielsweise in der kanadischen Provinz Britisch Columbia, wenn die jährliche zwischen Juni und Oktober stattfindende Lachswanderung beginnt. Buckel- *(Oncorhynchus gorbuscha)* und andere Lachse ziehen dann zu Millionen aus dem Meer in jene Flüsse und Bäche zurück, in denen sie geboren wurden. Ihre Wanderrouten führen dabei auch durch Gewässerabschnitte, in denen der Wasserstand nur wenige Zentimeter beträgt und die Fische nur sehr langsam vorwärts kommen. Diese Abschnitte stellen ideale Fangplätze für die Wölfe dar. Im Unterschied zur restlichen Zeit des Jahres, in welcher der Maultierhirsch *(Odocoileus hemionus)* die Hauptbeute zahlreicher in Britisch Columbia lebender Wolfsrudel darstellt, wird dann der Lachs zur Hauptnahrungsquelle. Das ändert sich schlagartig, sobald die Lachswanderung beendet ist. Danach beträgt der Anteil der Lachse weniger als ein Prozent an der Gesamtnahrung, während der Maultierhirsch wieder zum Hauptbeutetier wird.

Lachse jagender Wolf

Interessant ist auch die Tatsache, dass zu der Zeit, als noch Millionen von Bisons über die Prärien Nordamerikas zogen, der Wolfsbestand am größten war. Viele Wolfsrudel folgten den Wanderungen der Bisons über weite Strecken, weil diese damals zu ihren Hauptbeutetieren zählten.

Gegen Ende des 19. Jahrhunderts brach der Bisonbestand in großen Teilen der USA fast völlig zusammen. Der Grund war eine exzessive Bejagung, die über Jahre andauerte und zum Ziel hatte, den Bison gänzlich auszurotten, um Weideland für Hausrinder zu gewinnen. Infolge der beinahe vollständigen Ausrottung des Bisons ging auch die Zahl der Wölfe etwas zurück, ohne dass jedoch zu jener Zeit ihr Bestand ernstlich gefährdet war. Aufgrund ihrer hohen Anpassungsfähigkeit wichen die Wölfe verstärkt auf andere Beutetiere aus, zu denen in einigen Gebieten auch der Biber gehörte. Dazu musste der Wolf diesen großen Nager allerdings erbeuten, wenn er an Land ging, um dort »Bäume zu fällen«. Schlug jedoch der Angriff fehl, konnte der Wolf nicht ansatzweise mit der Schnelligkeit und Geschmeidigkeit des Bibers mithalten, wenn dieser im Wasser flüchtete.

Vor allem aus Kriegs- und Nachkriegszeiten ist bekannt, dass auch herrenlose Hunde eine wichtige Beute für Wölfe sind und manchmal gut 10 % der Gesamtnahrung ausmachen. Vermutlich wollen die Wölfe durch das Töten der Hunde auch potenzielle Nahrungskonkurrenten in ihren Revieren beseitigen. In ähnlicher Weise stellen sie auch dem Goldschakal nach, der ebenfalls als Nahrungskonkurrent angesehen wird. Es sind aber nicht nur streunende Hunde, die Wölfen zum Opfer fallen. Besonders in Skandinavien sowie in einigen US-Bundesstaaten werden auch Jagdhunde, die sich außerhalb der Sichtweite ihrer Besitzer aufhalten, häufig eine Wolfsbeute. Die Jagdhunde werden vermutlich nicht nur als Nahrungskonkurrenten, sondern auch als direkte Angreifer angesehen, weshalb die Wölfe zum Gegenangriff übergehen.

Wölfe verschmähen kein Aas. Im Gegenteil, wenn sie einen Kadaver finden, wird dieser lieber gefressen, als lebende Beute zu jagen. Indem die Wölfe Aas vertilgen, fungieren sie auch als »Gesundheitspolizei«. Sie verringern dadurch das Risiko, dass sich gefährliche Keime ungehemmt vermehren und ausbereiten können.

Beim Fressen an einem Kadaver

Neben tierischen Komponenten nehmen Wölfe gelegentlich auch pflanzliche Nahrungsbestandteile auf, wie beispielsweise Heidelbeeren, Brombeeren, Bucheckern, die Früchte von Ölweiden (Elaeagnus), Hagebutten, Maulbeeren oder die als Mehlbeeren bezeichneten Früchte von Weißdornarten (Crataegus). Des Weiteren gehören zum pflanzlichen Nahrungsspektrum Weintrauben und Melonen. Diese Früchte finden die Wölfe unter anderem auf Streuobstwiesen, in verlassenen Gärten, auf Feldern und in Weinbergen. So wurde vielfach festgestellt, dass der Anteil von pflanzlichen Bestandteilen zeitweise bis zu 12 % an der Gesamtnahrung einzelner Wolfrudel ausmachen kann.

Gelegentlich zeigen Wölfe eine Verhaltensweise, die noch bei den Haushunden erhalten ist, indem hin und wieder kleinere Mengen an Gras, Seggen und Kräutern gefressen werden. Gegenwärtig wird noch diskutiert, ob die pflanzliche Nahrung dazu dient, den Bedarf an Vitaminen, Mineralien und Ballaststoffen zu decken, oder den Magen-Darmtrakt von Parasiten zu reinigen.

Vom menschlichen Standpunkt aus betrachtet wird der Wolf häufig als Schädling dargestellt. Aber in der Natur gibt es weder reine Schädlinge noch reine Nützlinge. Jedes Lebewesen erfüllt im Kreislauf der

Kämpfende Wölfe

Natur bestimmte Funktionen, die für das Gesamtgefüge unerlässlich sind.

Wölfe reißen bevorzugt alte, schwache und kranke Tiere und führen so eine natürliche Selektion durch, mit der sie dazu beitragen, dass sich nur die kräftigsten und mit den besten Eigenschaften ausgestatteten Tiere in den Beständen der Pflanzenfresser vermehren können. Indem die Wölfe die Bestände der Pflanzenfresser auf einem weitgehend konstanten Level halten, sorgen sie zudem dafür, dass ihre eigenen Populationen nicht überproportional stark anwachsen. Wie bereits in einem früheren Kapitel erwähnt, ist ein entscheidender Faktor für die Reviergröße eines Wolfsrudels die Anzahl der potenziellen Beutetiere. Sinkt deren Anzahl, benötig das Wolfrudel ein größeres Jagdrevier. Sind im Umkreis keine freien Reviere vorhanden, müssen die Wölfe – um ihren Hunger zu stillen – in die Jagdgebiete der benachbarten Rudel eindringen. Letztere dulden ein solches Eindringen jedoch nicht und es kommt zu Kämpfen zwischen den Rudeln, welche oftmals für einige Mitglieder tödlich enden.

Fressverhalten und Vorratswirtschaft

Dem Wolf haftet das Negativimage an, überaus gefräßig zu sein. Doch was steckt wirklich hinter dieser sich landläufig sehr hartnäckig haltenden Aussage?

Um seinen täglichen Energiebedarf zu decken, benötigt ein erwachsener Wolf im Durchschnitt schätzungsweise 2–5 kg Fleisch. (Es ist schwer, die exakte Energiemenge und den sich daraus ergebenden Nahrungsbedarf für freilebende Wölfe zu ermitteln, da von Beutetieren auch Fell- und Knochenteile mit verschlungen werden. Diese liefern jedoch kaum Energie. Hinzu kommt, dass manche Wölfe die Energie besser aus der Nahrung resorbieren als ihre Artgenossen.) Um ihren Energiebedarf zu decken, erbeuten Wölfe unter normalen Bedingungen täglich eine durchschnittlich Biomasse die etwa 10–25 % ihres Körpergewichtes entspricht. Für einen 40 kg schweren Wolf sind das also 4–10 kg.

Zwischen dem täglichen Energiebedarf und den unmittelbar vorausgegangenen körperlichen Aktivitäten sowie den vorherrschenden Umweltbedingungen besteht eine enge Korrelation. Um Energie zu sparen, sind Wölfe instinktiv bestrebt, sich körperlich nicht zu stark zu verausgaben und versuchen deshalb stets, die am leichtesten zu erlegende Beute zu jagen. Es ist jedoch nicht immer möglich, in diesem »Energiesparmodus« auf Jagd zu gehen. Vor allem bei Verknappungen der Beutetierbestände sind Wölfe oftmals zu kräftezehrenden Verfolgungsjagden und Kämpfen mit sehr wehrhaften Tieren gezwungen. Verständlicherweise benötigen sie danach mehr Nahrung, um ihr Energiedepot wieder aufzufüllen, als ein Artgenosse, der sich ohne vorherige körperliche Anstrengungen am Riss des Vortages sattfressen konnte. Ebenso steigt der Energiebedarf eines Wolfes an, je stär-

Zur Aufrechterhaltung seiner Körpertemperatur benötigt ein Wolf im Sommer weniger Nahrung als im Winter.

ker die Temperaturen absinken. Um seine Körpertemperatur konstant zu halten, muss er bei einer Umgebungstemperatur von beispielsweise minus 30 Grad Celsius deutlich mehr Nahrung aufnehmen als bei plus 8 Grad Celsius.

Gelingt es Wölfen nicht, Beutetiere zu erlegen, können sie bis zu zwei Wochen ohne Nahrung auskommen. Finden sie anschließend Nahrung im Überfluss, stopfen sie sich damit regelrecht voll. In derartigen Situationen kann es passieren, dass ein einziger Wolf innerhalb einer Viertelstunde mehr als 10 kg Fleisch verschlingt. Das ist eine ganz normale Reaktion, um die weitgehend leergefahrenen Energiedepots möglichst schnell wieder aufzufüllen. Das »gefräßige Image« des Wolfes resultiert hauptsächlich aus dieser nicht alltäglichen Verhaltensweise sowie der Tatsache, dass Beutereste von Jägern oft falsch beurteilt wurden. Beispielsweise hatten sich vor der Beurteilung der Wolfsrisse oft schon Kommensalen daran satt gefressen. Dieser Aspekt fand in der Vergangenheit kaum Berücksichtigung. Im Gegenteil, zumeist wurde alles, was an Fleisch und Innereien bereits verschwunden war, ausschließlich den Wölfen zugeschrieben.

Außerdem ist das »gefräßige Image« darauf zurückzuführen, dass Wölfe gelegentlich eine ansatzweise Form von Vorratsratswirtschaft betreiben. Wie schon beschrieben, neigen vor allem sehr ausgehungerte Wölfe dazu, sich an einem Riss den Magen übermäßig vollzufressen. Danach begeben sie sich nicht selten bis zu 2 Kilometer weit weg und würgen bis zu 6 kg ihres Mageninhaltes wieder heraus. Das Herausgewürgte wird anschließend als Vorratsnahrung vergraben (ähnliche Verhaltensweisen sind auch von Hunden bekannt, die ihre Knochen vergraben).

Man vermutet auch, dass Wölfe bei hohem Harschschnee bestrebt sind, deutlich mehr Beutetiere zu reißen, als sie in den folgenden 3–4 Tagen fressen können. Viele der Beutetiere bewegen sich nämlich im Harschschnee langsamer als sonst üblich fort und sind deshalb von den Wölfen besonders leicht zu erlegen. Im Unterschied zu jenem Aas, das in der wärmeren Jahreszeit anfällt, besitzen die gerissenen und im Schnee zurückgelassenen Tiere den Vorteil, dass sie länger frisch bleiben, bevor bei ihnen der Prozess fortschreitender Verwesung einsetzt.

Noch ein abschließender Gedanke zur vermeintlichen Gefräßigkeit des Wolfes: Wenn ein gerissenes Reh oder ein junges Wildschwein von einem kleinen Rudel binnen eines Tages bis auf die großen Knochen vertilgt wird, empfinden das viele Menschen als sehr gefräßig. Es lohnt

Im Harschschnee jagende Wölfe

sich aber durchaus einmal über den Sachverhalt nachzudenken, dass es im Tierreich zahlreiche Arten gibt, die den Wolf in puncto Nahrungsaufnahme bei weitem übertreffen. Stellvertretend für Tiere, die wirklich große Nahrungsmengen vertilgen können, seien nur der Feuersalamander *(Salamandra salamandra)* und die Hausspitzmaus *(Crocidura russula)* genannt. Beide Tiere sind im Vergleich zum Wolf zwar klein, aber man stelle sich einmal vor, wie viel sie fressen würden, wenn sie plötzlich dessen Größe hätten. Damit ihr Körper dauerhaft in »Betriebsbereitschaft« bleibt, muss die Hausspitzmaus täglich eine Nahrungsmenge aufnehmen, die knapp über ihrem eigenen Körpergewicht liegt. Auch der Feuersalamander kann mit Superlativen bezüglich seiner Nahrungsausnahme aufwarten. So ist es für diesen rund 20 cm lang werdenden Lurch kein Problem, innerhalb von 1–2 Minuten einen 10–13 cm langen Regenwurm zu verschlingen. Würde man diese Relationen einmal auf einen Menschen übertragen, müsste dieser eine oberarmstarke, etwa 80 bis 120 cm lange Salami in weniger als 3 Minuten aufessen.

Jagd auf Beutetiere in freier Wildbahn

Im Vergleich zu allen anderen Hundeartigen besitzt der Wolf das breiteste Repertoire an unterschiedlichen Jagdmethoden. Viele dieser Methoden sind nur deshalb möglich, weil der Wolf in seinen kommunikativen Eigenschaften als »Teamplayer« sogar ausgebildete Jagd- und Hütehunde klar übertrifft.

Das Jagdverhalten des Wolfs setzt sich aus folgenden Schritten zusammen, die mehr oder weniger fließend ineinander übergehen:

- Beutesuche
- Anschleichen und Auflauern
- Angriff und Überwältigen (das Überwältigen mit Tötungsbiss geht anschließend in eine Phase des Fressens über)

Manchmal findet zwischen dem Angriff und dem Überwältigen noch ein Abtrennen von der Herde und/oder ein Verfolgen der Beute statt.

Das Beutefinden erfolgt sehr zielgerichtet. Zu diesem Zweck suchen die Wölfe oftmals die Wildwechsel ihrer Beutetiere ab. Dabei konzentrieren sich die Wölfe vorwiegend auf jene Wechsel, auf denen sie zu der jeweiligen Jahreszeit die höchste Dichte an Beutetieren vermuten. Darüber hinaus scheinen die Wölfe auch die Setzzeiten größerer Huftiere genauestens zu kennen, denn sie inspizieren im Frühjahr häufig jene Stellen, an denen diese ihre Jungen zur Welt bringen. Bemerkenswert ist dabei die Intensität und Akribie mit der das betreffende Terrain durchstöbert wird. Dieses Verhalten erinnert stark an das von gut ausgebildeten Jagdhunden.

Das Aufspüren von Beute erfolgt zu etwa 80 % über den Geruchsinn und zu 20 % über das Gehör. Sobald Wölfe eine Witterung aufgenommen haben, versuchen sie zunächst sich gegen den Wind (damit sie nicht gerochen werden) so nah wie möglich an die Beute heranzuschleichen. Oftmals wird beim Anschleichen eine mehr oder weniger kriechende Fortbewegungsweise gewählt. Damit die Beute das Anschleichen nicht bemerkt, sind die Wölfe bestrebt, jede sich nur bietende Deckung als Sichtschutz zu nutzen. Im Idealfall gelangen die Wölfe dadurch so nah an die Beute, dass sie zu einem finalen Sprung mit anschließendem Tötungsbiss ansetzen können. Falls der Sprung misslingt oder nicht möglich ist, schließt sich eine Verfolgung an. Gelingt es dabei den Wölfen nicht, auf einer Strecke von 200 Meter

Sich an Beute schleichender Wolf

einen entscheidenden Biss anzubringen, brechen sie meist die Verfolgung ab. Längere Verfolgungen über drei oder mehr Kilometer gehören nicht zu den »Lieblingsdisziplinen« des Wolfs, aber gelegentlich kommen auch solche Jagden vor. Vor allem bei Beutetieren, die durch Paarungskämpfe bereits geschwächt sind, wird folgende Jagdweise praktiziert: Die Wölfe versuchen zunächst, die Tiere aufzuschrecken und zu einer panischen, sprintähnlichen Flucht zu veranlassen. Damit verlieren die Tiere zusätzlich Kraft. Indem ihnen die Wölfe in einem weitgehend gleichmäßigen und zudem nicht übermäßig schnellen Laufstil folgen, sparen sie ihrerseits Energie. Die verfolgten Tiere verausgaben sich auf ihrer Flucht oftmals so stark, dass sie schließlich völlig entkräftet zusammenbrechen und zu einer leichten Beute für die heranlaufenden Wölfe werden.

Bei sehr wehrhaften Tieren, die in mehr oder weniger großen Gruppen bzw. Verbänden zusammenleben und agieren, wie das beispielsweise bei Moschusochsen der Fall ist, konzentrieren sich die Wölfe zunächst darauf, ein Exemplar zu separieren. Weil sich die Moschusochsen oftmals zu einem kreisförmigen Verteidigungsverband formieren, sind die Wölfe zu Beginn ihrer Jagd erst einmal bestrebt, diesen zu sprengen. Sie stürmen dann von unterschiedlichen Seiten auf den Verband und versuchen, ein einzelnes Tier zu einer Gegenattacke zu provozieren. Sobald ein Moschusochse auf diese Provokation hereinfällt und den sicheren Verband verlässt, schieben sich sofort Wölfe in die dabei entstandene Schneise. In der Folge konzentrieren sie sich darauf, das separierte Exemplar immer weiter von dem Verband abzu-

Moschusochsen in Verteidigungsformation

drängen, bis letzterer das Interesse daran verliert, den Artgenossen zu verteidigen.

Ein derartiges Abdrängen bringt zwei Vorteile: Zum einen ist es für die Wölfe wesentlich einfacher, ein einzelnes Tier zu überwältigen, da sie sich bei ihren Angriffen ausschließlich auf dieses konzentrieren müssen, ohne Attacken von dessen Artgenossen zu befürchten. Zum anderen fällt es den Wölfen viel einfacher, ein einzelnes Tier visuell zu fixieren. Ein solches Fixieren erweist sich vor allem in einem größeren Beutetierverband als äußerst schwierig. Wenn die Tiere durcheinander laufen, passiert es schnell, dass dasjenige Exemplar, auf welches es die Wölfe abgesehen hatten, im wahrsten Sinne des Wortes aus den Augen verloren wird. Dann müssen die Wölfe erneut ein Exemplar fixieren, was sich bei flüchtenden bzw. konfus durcheinanderlaufenden Tieren als eine äußerst komplizierte Aufgabe erweist.

Eine weitere Methode, um Beute zu erlegen, ist die Treibjagd. Diese basiert darauf, dass die Wölfe entweder zufällig ein Beutetier entdecken oder bereits vorher dessen Aufenthaltsort kannten. Die Wölfe teilen

Jagendes Wolfsrudel beim Umzingeln einer kalbführenden Elchkuh

sich dazu auf. Einige legen sich an dem vermutlichen Fluchtweg des Beutetiers auf die Lauer, während die restlichen als »Treiber« fungieren.

Eine spezielle Form der Treibjagd ist das Kesseltreiben. Da die Wölfe aus Erfahrung wissen, dass viele Tiere nicht in einer geraden Linie, sondern auf einer bogenähnlichen Strecke flüchten, agieren auch dabei einige als Treiber, während die übrigen der Beute den Weg abschneiden.

Nicht selten nutzen Wölfe auch geeignete Geländeformationen sowie jahreszeitlich-klimatische Veränderungen vorteilhaft für ihre Jagden aus. Beispielsweise wurde wiederholt beobachtet, dass Beutetiere in eine von schroff ansteigenden Felswänden umgebene Schlucht getrieben werden, die am Ende unpassierbar ist. Ebenso werden Huftiere häufig in morastige Stellen gejagt, wo sie mit ihren langen Beinen stark einsinken und sich dann kaum oder gar nicht mehr fortbewegen können.

Für einen flüchtenden Hirsch, der ein prächtig entwickeltes Geweih besitzt, kann auch ein großflächiger dichter Gehölzbestand zu einer tödlichen Falle werden. Falls sich der Hirsch mit Teilen seines Geweihs in dem Geäst verfängt, vermindert das seine Fluchtgeschwindigkeit. Beim Bestreben, sich aus dieser misslichen Lage zu befreien, verfällt der Hirsch nicht selten in Panik – was jedoch häufig dazu führt, dass er sein Geweih dabei nicht herauslöst, sondern noch tiefer in den Ästen und Zweige verheddert.

In strengen Wintern bilden sich vor allem auf stehenden Gewässern tragfähige Eisdecken. Auf diese treiben Wölfe gern langbeinige Beutetiere wie Rehe, Hirsche oder Elche, die sich dort unwohl fühlen. Sie rutschen auf dem Eis deutlich schneller aus als die Wölfe und stellen unter diesen Bedingungen eine leichte Beute dar.

Eine sehr energiesparende Jagdmethode ist das Auflauern. Diese Methode, die Kenntnisse von den Nahrungs- und Verhaltensgewohnheiten der Beutetiere voraussetzt, praktizieren die Wölfe vor allem an Tränkstellen, Salzlecken sowie an den Furten größerer Flüsse, welche sich auf Wanderrouten befinden, die zu bestimmten Jahreszeiten immer wieder von bestimmten Beutetier benutzt werden.

Schutz von Nutztieren vor Wolfsattacken

Wölfe sind bestrebt, mit einem minimalen Energieaufwand und dem geringsten Risiko für sich selbst, ein Maximum an Nahrung zu erbeuten. Deshalb ist es eigentlich verständlich, dass die intelligenten Wölfe eher versuchen werden, einige auf der Weide stehende Schafe oder Ziegen zu reißen, welche keinen nennenswerten Widerstand leisten, als beispielsweise einen gefährlichen Kampf mit einem kapitalen Keiler oder einem Elchbullen zu riskieren.

Da Wölfe unter Schutz stehen, ist das eine Situation, über die aktuell viel diskutieren wird. Doch was nützt das? Diskutieren allein schafft das Problem nicht aus der Welt. Deshalb kann man gegenwärtig

Schafe und Ziegen haben sich für Wölfe als leicht zu erlegende Beutetiere erwiesen.

nur versuchen, Nutztiere möglichst wirksam vor Wolfsattacken zu schützen. Zu den besonders gefährdeten Nutztieren gehören Schafe und Ziegen, während Rinder, Pferde und in Gehegen gehaltenes Wild seltener solchen Angriffen ausgesetzt sind.

Für Klein- und Hobbyhalter, deren Schafe und Ziegen Tag und Nacht auf der Weide stehen, wird unter anderem der Aufbau eines hohen Elektronetzzaunes als ein recht wirksamer Schutz empfohlen. Die Höhe des Zauns müsste mindestens 1,5 m (besser sogar 1,8 m) betragen, um ein Überspringen durch Wölfe weitgehend auszuschließen. Des Weiteren ist es wichtig, dass sich die Unterkante des Elektronetzes unmittelbar über dem Erdboden befindet. Dadurch wird verhindert, dass die Wölfe unter dem Zaun hindurchkriechen können. Außerdem ist es ratsam, direkt unter der Zaunkante Metallgitter oder Betonplatten

Kaukasische Schäferhunde sind zwar sehr gute Herdenschutzhunde, aber für Hobbyschafhalter meist zu kostenintensiv.

mindestens 70 cm tief in den Boden einzulassen, um den Wölfen kein Untergraben des Zauns zu ermöglichen. Aber mal ganz ehrlich – wer möchte schon ein derartiges kostenintensives Zaunprojekt wegen einiger Schafe oder Ziegen installieren? Wohl kaum jemand.

An Zäunen angebrachte, sogenannte Flatterbänder stellen auch keinen sicheren Schutz dar. Zum einen registrieren die Wölfe im Laufe der Zeit, dass von diesen Bändern keinerlei Gefahr ausgeht. Zum anderen sind die Bänder bei Windstille völlig wirkungslos.

Einen effektiven Schutz würde auch eine Gruppe kräftiger, furchtloser Herdenschutzhunde darstellen (wie etwa Kaukasische Schäferhunde oder die zu den ungarischen Hirtenhunden zählende Kurvasze). Das Zusammenleben der Herdenschutzhunde und der Schafe bzw. Ziegen basiert darauf, dass sich die Tiere gegenseitig tolerieren und normalerweise keine Feindseligkeiten untereinander entstehen. Die Herdenschutzhunde sind darauf abgerichtet, die Weideflächen, auch wenn diese relativ groß sind, als ihr Revier anzusehen und gegen Eindringlinge zu verteidigen. Erscheinen darauf Wölfe, geht es den Herdenschutzhunden primär nicht darum, die Schafe oder Ziegen zu verteidigen, sondern ihr eigenes Revier. Die Schafe oder Ziegen profitieren dann von der Revierverteidigung der Herdenschutzhunde.

Die Anschaffung mehrerer solcher Herdenschutzhunde stellt eine Option für Halter großer Schafherden dar, nicht jedoch für Hobbyhalter, die zumeist nur 3–10 Tiere besitzen. Genau wie die äußerst kostenintensive Installation von Elektronetzzäunen wäre den meisten Hobbyziegen- bzw. Hobbyschafbesitzern die Unterhaltung dieser Hunde viel zu teuer. Aus diesem Grund besteht für Kleinhalter die preiswerteste Form des Schutzes darin, Wölfen gar nicht erst die Chance zu Übergriffen auf Nutztiere zu geben. Deshalb ist es ratsam, Nutztiere nicht auf Grünland weiden zu lassen, das sich weit abseits von Ortschaften oder gar auf Waldlichtungen befindet. (Den Aufwuchs auf derartigen Flächen kann man beispielsweise zur Heugewinnung oder als frisches Mähfutter verwenden.) Stattdessen ist es günstiger, die Weiden direkt in Ortschaften oder am Ortsrand zu konzipieren.

Dabei hat es sich als Vorteil erwiesen, wenn diese an Dörfern grenzenden Weideflächen keine großflächigen Deckungsmöglichkeiten aufweisen, wie etwa Hecken oder dichte Strauchbestände, hinter denen sich Wölfe unbemerkt anschleichen können. Während der hellen Tagstunden meiden es nämlich die Wölfe weitestgehend, sich längere Zeit auf freiem, gut überschaubarem Gelände aufzuhalten. Letztlich ist es in wolfsgefährdeten Gebieten ratsam, die Schafe bzw. Ziegen während

Schafhaltung auf einer Streuobstwiese am Ortsrand

der Nacht entweder in einem Stall oder massiven Unterstand unterzubringen, wodurch ein zuverlässiger Schutz gewährleistet wird.

Mitunter werden Esel zum Schutz von Schafen und Ziegen empfohlen. Diese Empfehlung basiert hauptsächlich auf Erfahrungen aus der Wanderschäferei im Mittelmeerraum. Dort ziehen die Schäfer wegen des im Frühling üppig sprießenden Futters auf die Hochgebirgsweiden. Während dieser oftmals strapaziösen Wanderungen kommen auch zahlreiche Lämmer zur Welt, welche die langen Strecken noch nicht aus eigener Kraft bewältigen können und von einigen mitgeführten Eseln in Taschen getragen werden. Bei nächtlichen Angriffen durch Wölfe, wehren sich die Esel mit Hufschlägen. Außerdem schlagen sie mit ihren lauten Rufen Alarm, sodass die Wanderschäfer ihnen und den Schafen zu Hilfe eilen können. Trotzdem haben sich Esel weder im Mittelmeerraum noch in Mitteleuropa als perfekte Beschützer erwiesen. Ähnlich wie Herdenschutzhunde betrachten Esel, die mit Schafen oder Ziegen zusammenleben, diese weder als Artgenossen noch als »Schutzbefohlene«. Stattdessen haben sich die Tiere im Rahmen ihres Zusammenlebens ebenfalls nur friedlich miteinander arrangiert. Im

Unterschied zu Herdenschutzhunden sehen Esel jedoch größere Weiden nicht als Territorium an, das es zu verteidigen gilt.

Wie ist nun das Verhalten der Esel gegenüber Wölfen zu erklären? Anders als Pferde sind Esel keine typischen Fluchttiere, die bei drohenden Gefahren schnell Reißaus nehmen. Stattdessen bleiben sie meist stehen und erwehren sich einer anstehenden Gefahr. Ein solches Verhalten zeigen sie auch häufig bei Wolfsattacken. Dabei konzentrieren sich die Esel aber nur auf ihren eigenen Schutz sowie den ihrer Fohlen. Sie versuchen dann, die Wölfe mit kräftigen Tritten ihrer Hinterhufe in die Flucht zu schlagen, was ihnen auch gelegentlich gelingt. Auf kleinen umzäunten Weidenflächen können die Schafe bzw. Ziegen von diesem »in die Flucht schlagen« profitieren, weil sie aufgrund der räumlichen Enge in der Nähe des bzw. der Esel bleiben müssen. Dagegen versuchen sowohl Schafe als auch Ziegen, die sich auf großen Weideflächen befinden, möglichst schnell und weit zu flüchten, um sich so den Wolfsattacken zu entziehen. Aber genau diese Flucht wird ihnen dann

Auf Weiden versuchen Esel angreifende Wölfe mit Fußtritten in die Flucht zu schlagen. Davon profitieren manchmal auch mitweidende Schafe.

fast immer zum Verhängnis. Sobald die Wölfe die neue Situation erfasst haben, stellen sie ihre Attacken gegen den bzw. die Esel ein und beginnen die Schafe oder Ziegen zu jagen, welche eine deutlich leichtere Beute darstellen.

Gelegentlich tauchen Berichte auf, dass Wölfe auf Weideflächen oder in Pferche eindrangen, um eine große Anzahl der dort befindlichen Nutztiere zu töten. Derartige Mehrfachtötungen werden auch als »Surplus Killing« (übermäßiges Töten) bezeichnet. Ein ähnliches Verhalten ist auch von zahlreichen anderen Raubtieren bekannt, die ein Surplus Killing zeigen, sobald sie eine hohe Tierkonzentration in einem eng begrenzten Raum antreffen. Man denke in diesem Zusammenhang nur an den Fuchs oder den Marder, der in den Hühnerstall eindringt und das gesamte Geflügel tötet.

Die Ursache für das Surplus Killing liegt im beutefangmotivierten Verhalten, welches genetisch determiniert ist. So lange sich in dem engen Raum noch Beutetiere bewegen, können die Raubtiere einfach nicht anders, als diese zu erlegen. Dieses Verhalten ist auch bei nicht abgerichteten Hunden vorhanden. Sie haben dann beispielsweise das Bestreben, hinter jedem rollenden Ball oder jedem Radfahrer her zu rennen. Indem die Hunde dazu erzogen werden, nicht mehr mit einer Verfolgung auf solche Bewegungsreize zu reagieren, unterdrückt man eigentlich ihr artspezifisches Verhalten.

Stellen wir uns einmal ganz wertungsfrei die Frage, ob es überhaupt sinnvoll ist, dass Raubtiere mehr Beute töten als sie unmittelbar danach fressen können? Warum haben sich überhaupt solche Mechanismen während der Evolution vieler Raubtiere und ganz speziell der Wölfe entwickelt? Eine mögliche Teilerklärung liegt in der »Vorratswirtschaft«, die Wölfe ansatzweise betreiben. Des Weiteren stellt das leichte und weitgehend risikolose Töten von Schafen oder Ziegen, die sich auf sehr engen Raum befinden, einen Energiegewinn für die Wölfe dar. Falls nämlich kein Entfernen der gerissenen Kadaver erfolgt, können die Wölfe in den nächsten Tagen dorthin zurückkehren und ihren Hunger stillen. Dagegen wäre seitens der Wölfe eine wesentliche größere energetische Investition erforderlich, wenn sie auf einem großen Areal jedes dieser Beutetiere einzeln suchen und jagen müssten.

Finden Schäfer oder Kleintierhalter die Überreste ihrer Tiere, die einem Surplus Killing zum Opfer gefallen sind, beseitigen sie die Kadaver zumeist sehr schnell, was allerdings bezogen auf den Naturkreislauf – so schrecklich das auch klingen mag – im Grunde falsch ist.

Schafskadaver auf einer Weide

Kehren die Wölfe nach einigen Stunden oder am Folgetag zurück, um von den Kadaver zu fressen, sind diese verschwunden. Was den Wölfen bleibt, ist der Hunger – sie gehen erneut auf Jagd, wobei sie sich nicht selten auf das erneute Reißen von Nutztieren konzentrieren.

Das Problem des Reißens von Nutztieren soll aber keinesfalls beschönigt oder verharmlost werden. Im Gegenteil, aufgrund der Intelligenz der Wölfe ist es nicht auszuschließen, dass dieses Problem künftig noch brisanter wird. Falls weiterhin keine Bejagung der Wölfe erfolgen darf, kann man bei dem raschen Anwachsen der Wolfbestände nicht ausschließen, dass sich allmählich einige Rudel auf das »bequemere« Erbeuten von Nutztieren spezialisieren. Wenn dann die Wölfe zudem registrieren, dass sie nach dem Reißen von Nutztieren nicht »bestraft« werden, könnte diese Entwicklung weiteren Auftrieb bekommen.

Die nächsten Verwandten

Der Wolf ist ein Vertreter aus der Überfamilie der Hundeartigen, welche die Familien der Hunde, Bären, Walrosse, Ohrenrobben, Hundsrobben, Skunks, Kleinbären und Marder umfasst. Die Familie der Hunde (Canidae) untergliedert sich wiederum in die beiden Tribus der Echten Füchse (Vulpini) sowie der Echten Hunde (Canini). Weitere Vertreter dieser Familie sind der Mähnenwolf *(Chrysocyon brachyurus)*, der Marderhund *(Nyctereutes procyonoides)*, der Waldhund *(Speothos venaticus)*, der Rothund *(Cuon alpinus)* und der Afrikanische Wildhund *(Lycaon pictus)*.

Eine Art, die Laien aufgrund seiner deutschen Bezeichnung fälschlicherweise oft zu den Canini rechnen, ist der in Afrika beheimate Löf-

Afrikanischer Wildhund

felhund *(Otocyon megalotis)*. Dieser wird gelegentlich auch als Löffelfuchs bezeichnet, was auch treffender ist, denn er gehört nicht nur zu den Vulpini, sondern ähnelt in seinem Erscheinungsbild auch stärker dem Fuchs.

Parallel dazu existieren unter den Echten Hunden einige Arten, in deren Populärnamen das Wort »Fuchs« enthalten ist, was ebenfalls häufig zu Irritationen führt. Beispiele hierfür sind der Argentinische Kampfuchs *(Lycalopex griseus)*, der in einigen Gebieten Chiles lebende Darwin-Fuchs *(Lycalopex fulvipes)* sowie der Kurzohrfuchs *(Atelocyon microtis)*, dessen Verbreitungsgebiet sich auf das Amazonas- und Orinoco-Becken konzentriert.

Eine besonders enge Verwandtschaft des Wolfs besteht zu den Vertretern der Gattung Canis. Außer dem Wolf umfasst diese Gattung den Rotwolf, den Äthiopischen Wolf, den Afrikanischen Goldwolf, den Kojoten, den Goldschakal, den Schabrackenschakal sowie den Streifenschakal.

Das ursprüngliche Verbreitungsgebiet des Rotwolfs *(Canis rufus)* – ein mittlerweile ungültiges wissenschaftliches Synonym, unter dem er gelegentlich in der älteren Literatur geführt wird, ist *Canis niger* – war der Südosten der USA. Genau wie der Wolf lebt auch er bevorzugt in Rudeln.

1980 galten Rotwölfe in freier Wildbahn als ausgerottet. Inzwischen konnte diese Art jedoch wieder erfolgreich in North Carolina ausgewildert werden. Der Populärname »Rotwolf« ist allerdings nicht optimal gewählt, denn die Farbe seines Fells ist nicht immer rot, vielmehr kommen recht häufig auch graue bzw. schwarze und anthrazitfarbene Töne vor. Rotwölfe erreichen Schulterhöhen von 50–65 cm und ein Gewicht von bis zu 25 kg. Obwohl ihr Erscheinungsbild auf den ersten Blick dem des Eurasischen Wolfs ähnelt, sind sie durchschnittlich nicht nur etwa kleiner, sondern vor allem viel schmächtiger als dieser. Das Beutetierspektrum des Rotwolfs setzt sich vor allem aus Waschbären, verschiedenen Nagetieren und Präriehasen zusammen. Außerdem akzeptiert er auch Aas.

Beim Äthiopischen Wolf *(Canis simensis)*, gelegentlich auch als Äthiopischer Schakal sowie aufgrund seiner rötlichbraunen Fellfärbung als Abessinischer Fuchs bezeichnet, handelt es sich um eine vorwiegend tagaktive Art. Mit nur noch 700 freilebenden Exemplaren gilt sie in ihrem Bestand als stark gefährdet. Äthiopische Wölfe wiegen 18–20 kg und erreichen eine Schulterhöhe von 50 cm sowie eine Kopf-Rumpf-Länge von etwa 100 cm. Die Beine wirken recht lang, weshalb die Gestalt dieser Tiere stark an einen Schakal erinnert. Ihre Verbreitungsgebiete konzentrieren sich auf einige Gebirgsregionen, die sich vom westlichen Äthiopien bis zum östlichen Sudan erstrecken sowie auf den Bale-Mountains-Nationalparkt, der in Südäthiopien liegt. In diesen Gebieten hält sich der Äthiopische Wolf in Höhen von 3000–4500 m auf, wo nur noch baumlose Areale vorhanden sind. Seine Nahrung besteht fast ausschließlich aus kleinen Nagetieren, wobei die Afrikanische Maulwurfsratte den Hauptanteil seiner Beute ausmacht.

Das Rückenfell des Afrikanischen Goldwolfs *(Canis anthus)* zeigt eine gelbgraue Farbgebung, die an Bauch, Beinen und Schwanz fast komplett in ein Ockergelb übergeht. Sein Verbreitungsgebiet erstreckt sich von der afrikanischen Nordküste bis zum Senegal im Westen und nach Kenia im Osten. Gewicht und Körpergröße können stark variieren, wobei die weiter nördlich lebenden Tiere zumeist größer und schwerer sind. So weisen beispielsweise die meisten Exemplare in Ägypten eine Kopf-Rumpf-Länge von durchschnittlich 85 cm und ein Gewicht von 13 kg auf, während die Goldwölfe in Tansania nur etwa 75 cm lang werden und 7 kg auf die Waage bringen.

Afrikanischer Goldwolf

Als Lebensraum bevorzugt der Afrikanische Goldwolf Wüsten und Halbwüsten sowie ausgedehnte Savannenlandschaften, wo er überwiegend dämmerungs- und nachtaktiv ist. Goldwölfe leben in der Regel paarweise zusammen, wobei ihnen manchmal noch Jungtiere aus dem Vorjahr als Helfer bei der Betreuung der Welpen zur Seite stehen. Im Unterschied zu vielen anderen Wildhund-Vertretern ist der Goldwolf kein klassischer Fleisch- sondern ein Allesfresser. Neben Echsen, Schlangen sowie kleineren Vögeln, Säugern und Aas, frisst er auch Süßgräser und Früchte. In einigen Gebieten beträgt der Anteil der pflanzlichen Kost an der Gesamtnahrung annähernd 40 %. In Ostafrika warten Goldwölfe auch häufig darauf, dass sich Löwen an einem gerissenen Tier sattgefressen haben, um danach die Überreste der Beute zu verzehren.

In seinem Erscheinungsbild wirkt der Kojote *(Canis latrans)*, auch Steppen- oder Präriewolf genannt, wie ein etwas verkleinerter Wolf. Kojoten besiedeln ein riesiges Verbreitungsgebiet, das sich von Alaska über große Teile Kanadas und die gesamte USA bis nach Costa Rica erstreckt. Sie fühlen sich in Wälder nahezu genauso wohl wie in Prärielandschaften.

Der Kojote wird auch als Steppen- oder Präriewolf bezeichnet.

Kojoten erreichen eine Gesamtlänge von bis zu 115 cm und eine Schulterhöhe von 50 cm. Ihr Gewicht variiert zwischen 10 und 22 kg. Ein charakteristisches morphologisches Merkmal ist der große, sehr buschig wirkende Schwanz, den der Kojote zumeist sehr tief trägt. Im Unterschied zum Wolf wird das Sozialverhalten stärker vom jeweiligen Lebensraum beeinflusst. So jagen Kojoten beispielsweise in Abhängigkeit von diesem entweder allein oder in kleinen Gruppen. Die Nahrung besteht größtenteils aus kleinen Nagern und Präriehasen. Gelegentlich fallen ihm auch Vögel, Schlangen, Opossums und Waschbären zum Opfer. Aas wird ebenfalls nicht verschmäht. Hirsche werden normalerweise nur von Kojotengruppen attackiert. Und das auch nur, wenn diese bereits sehr alt oder aufgrund einer Verletzung nur noch eingeschränkt bewegungsfähig sind. Finden Kojoten längere Zeit keine größeren Beutetiere, nehmen sie zeitweilig auch mit Käfern und deren Larven vorlieb. Komplettiert wird das Nahrungsspektrum durch Früchte und Beeren. Dieser pflanzliche Anteil ist allerdings so gering, dass man den Kojoten als einen typischen Fleisch- und nicht etwas als einen Allesfresser ansehen muss.

Schakale, von denen drei Arten existieren, sind deutlich kleiner als Wölfe oder andere Wildhunde.

Der Goldschakal *(Canis aureus)* ist die einzige Art, die auch in Teilen Südosteuropas beheimatet ist. Allerdings ist sein Verbreitungsgebiet nicht auf Europa begrenzt, sondern erstreckt sich über die Türkei und die arabische Halbinseln bis nach Ostafrika und Myamar. Der Populärname dieses Schakals leitet sich von der zumeist goldgelben Fellfärbung ab. Allerdings kommen in einigen Regionen auch Exemplare vor, in deren Fell Grautöne dominieren.

Goldschakale können eine Gesamtlänge von 95 cm bei einer Schulterhöhe von knapp 50 cm erreichen. Das Gewicht der meisten Tiere beträgt 8–15 kg. Goldschakale leben meist paarweise zusammen. Manchmal bleiben zumindest einige der Jungtiere des vorjährigen Wurfs noch ein weiteres Jahr bei den Eltern und helfen diesen bei der Betreuung ihrer jüngeren Geschwister.

Zumeist führen Goldschakale eine tag- und dämmerungsaktive Lebensweise. Dabei bewegen sie sich oft in leichtem Trab durch ihr Revier. Gejagt wird entweder einzelgängerisch oder in Rudeln, wobei letztere auch etwas größere Beutetiere erlegen. Bei allein jagenden Schakalen besteht die Beute zumeist aus Nagetieren, Vögeln, Lurchen und größeren Insekten. Beute, die nicht sofort komplett aufgefressen werden kann, verstecken Goldschakale unter dichten Sträuchern oder graben sie in der Erde ein. In Afrika folgen Goldschakale gern größeren Raubtieren, um das zu fressen, was diese von üppigen Mahlzeiten übrig lassen.

Wie bereits erwähnt, ist der Wolf der ärgste Feind des Goldschakals. Aus diesem Grund wandern Goldschakale zumeist sehr schnell aus Gebieten ab, in denen sich ein Wolfsrudel dauerhaft ansiedelt.

Schabrackenschakal

Der Populärname des Schabrackenschakals *(Canis mesomelas)* rührt von seinem schwärzlichen Rückenfell, welches von zahlreichen silbergrauen Haaren durchzogen ist und sich sehr deutlich von der ocker-rötlich-braunen Grundfärbung abhebt.

Schabrackenschakale erreichen eine Körperlänge von 65–100 cm und eine Schulterhöhe zwischen 40–50 cm. Dementsprechend variiert auch ihr Gewicht zwischen 7–15 kg. Ihre beiden natürlichen Verbreitungsgebiete, die nicht miteinander in Verbindung stehen, befinden sich im östlichen und südlichen Afrika. Dort bewohnen Schabrackenschakale außer lichten Wäldern, Savannen und Halbwüsten auch Kulturlandschaften.

Schabrackenschakale leben in Familienverbänden und sind vorwiegend nachtaktiv. Ihre Hauptaktivitäten konzentrieren sich auf die Zeiten kurz vor dem Sonnenaufgang sowie direkt nach dem Sonnenuntergang.

Die Nahrung besteht aus Heuschrecken, kleinen Nagetieren, Eiern und nestjungen Vögeln, Springhasen, Gazellen sowie ganz jungen Gnukälbern. Außerdem fressen sie gelegentlich Beeren, Erdnüsse und Weintrauben. Manchmal finden sich Schabrackenschakale auch in menschlichen Siedlungen ein, um Abfallberge nach Fressbarem zu durchsuchen. Obwohl auch Aas, das bereits etwas älter ist, nicht verschmäht wird, nimmt es nur einen geringen Teil im Gesamtnahrungsspektrum ein. Ähnlich wie die Goldwölfe Ostafrikas haben sich auch zahlreiche Schabrackenschakale darauf spezialisiert, die Mahlzeiten von Löwenrudeln abzuwarten, um anschließend die Überreste zu fressen. Allerdings sind die Goldwölfe nicht die einzigen, mit de-

Streifenschakal

nen die Schabrackenschakale um die Überreste von Löwenmahlzeiten konkurrieren. Auch Geier, Löffelhunde, Kapfüchse, Tüpfelhyänen und Erdwölfe finden sich gern und oft an derartigen »Überreste-Tafeln« ein. Beim Erdwolf *(Proteles cristata)* handelt es sich übrigens um keinen Vertreter der Echten Hunde, sondern um eine Art aus der Familie der Hyänen.

Seinen Populärnamen verdankt der Streifenschakal *(Canis adustus)* einem mehr oder weniger ausgeprägten hellen Längstreifen, der unmittelbar hinter der Schulter beginnt und sich an der Flanke entlang bis zum Schwanzansatz erstreckt. Die durchschnittliche Körperlänge der Streifenschakale beträgt etwa 75 cm bei einer Schulterhöhe von 45 cm und einem Gewicht von 7–12 kg.

Das Verbreitungsgebiet erstreckt sich vom westafrikanischen Guinea und dem Senegal über Zentralafrika bis zum Sudan und Äthiopien in Ostafrika sowie bis nach Namibia im Südwesten und Botswana im Südosten. Der Streifenschakal besiedelt bevorzugt Busch- und Graslandschaften sowie Feuchtgebiete und Agrarflächen, während trockene Wüsten- und Halbwüsten fast immer gemieden werden. Streifenschakale sind vorwiegend nachtaktiv und gehen feste Paarbindungen ein, die das ganze Leben anhalten. Als Behausung quartieren sich die Paare gern als »Nachmieter« in einer verlassenen Erdferkelhöhle ein. Trotz ihrer engen Paarbindung geht jeder der Partner allein auf Nahrungssuche. In der zum größten Teil aus pflanzlichen Komponenten bestehenden Nahrung dominieren Mobola-Pflaumen *(Parinari curatellifolia)*, Schokoladenbeeren *(Vitex payos)*, Natal-Feigen *(Ficus natalensis)* und Wasserbeeren *(Syzygium guineense)*. Als Ergänzung zu dieser vegetarischen Kost erbeuten die Streifenschakale kleinere Säugetiere sowie Heuschrecken und fressen gelegentlich auch kleinerer Mengen Aas.

Noch enger als mit den soeben vorgestellten Arten ist der Wolf mit dem Haushund verwandt. Auf diesem wird detailliert im nächsten Kapitel eingegangen.

Der Stammvater aller Haushunde

Strittiges und Unstrittiges

Vor mehr als einem halben Jahrhundert schloss der Verhaltensforscher und Nobelpreisträger Konrad Lorenz (1903–1989) nicht aus, dass der Goldschakal Stammvater aller Haushunde sein könnte.

Seine Theorie basierte unter anderem darauf, dass es sich beim Goldschakel um die einzige Schakal-Art handelt, deren Verbreitungsgebiet sich von Südostasien über Pakistan und Afghanistan bis zum

Der Goldschakal ist genetisch nicht in den Haushunden vertreten.

Balkan erstreckt. Inzwischen wurde diese These wiederlegt. Auf der Grundlage umfangreicher molekulargenetischer Untersuchungen konnten Wissenschaftler eindeutig nachweisen, dass sämtliche Haushunde vom Wolf abstammen und die Resultate unzähliger Züchtungsprozesse darstellen. Welche oft enormen Anstrengen dabei erforderlich waren wird deutlich, wenn man sich die Vielfalt der heutigen Hunderassen vor Augen führt. Zugegeben, es ist sicherlich nicht allzu schwer sich vorzustellen, dass Deutsche Schäferhunde, Sibirische Huskys oder Alaskan Malamutes vom Wolf abstammen, denn ihr Erscheinungsbild ähnelt noch heute dem Wolf. Und mit etwas Fantasie kann man auch bei einigen großen Rassen wie Bernhardinern, Riesenschnauzern oder Dobermännern noch den Wolf als Stammvater erkennen.

Schwieriger ist die Vorstellung, dass auch in den Ahnenreihen von sehr kleinen Rassen, wie etwa des nur 1,5–3 kg wiegenden Chihuahua oder des Jack Russell Terriers, der ein Körpergewicht von 5–6 kg erreicht, am Anfang der Wolf stand.

»Müllwölfe« als Vorfahren der Haushunde

Vor nicht allzu langer Zeit ging man noch davon aus, dass jungsteinzeitliche Jäger erwachsene Wölfe erlegten und anschließend deren Junge mit in ihre Lager nahmen. Dort soll eine aktive Zähmung der Jungwölfe stattgefunden haben, aus deren Nachkommen im Verlaufe der Jahrhunderte allmählich die ersten Haushunde entstanden.

Inzwischen wurde diese Hypothese von fast allen Wissenschaftlern verworfen, wofür sie vor allem folgende Gründe anführen: Zum einem wären die Menschen der Jungsteinzeit zu viel mit sich selbst beschäftigt gewesen, um noch Zeit zur Zähmung von Wölfen zu haben. Zum anderen findet bei Wolfswelpen die für sie sehr wichtige Prägungs- sowie die anschließende Sozialisierungsphase zu einer Zeit statt, in der sie noch von der Mutter gesäugt werden.

Die jungsteinzeitlichen Menschen besaßen aber noch keine Haustiere, deren Milch sie zur Aufzucht weniger Tage alter Wolfwelpen verwenden konnten. Doch gänzlich auszuschließen ist es nicht, dass Welpen, die sich noch in der Prägungsphase befanden, zumindest sporadisch von steinzeitlichen Menschen aufgezogen wurden. Ein derartiges Mensch-Tier-Stillen ist aus unterschiedlichen Kulturkreisen und

Säugende Wölfin

Epochen bekannt. Noch heute stillen die Frauen einiger Naturvölker, unter anderem in Papua-Neuguinea, neben ihren eigenen Kindern auch Ferkel. Somit wäre es zumindest denkbar, dass bei jungsteinzeitlichen Frauen, die ihre Neugeborenen (deren Sterblichkeitsrate war damals recht hoch) verloren hatten, gelegentlich Wölfe als »Ersatzobjekte« stillten.

Gegenwärtig favorisiert aber die Mehrheit der Wissenschaftler eine Hypothese, wonach sich der Hund irgendwann vor etwa 15 000 bis 35 000 Jahren durch natürliche Artbildung aus dem Wolf entwickelt hat. Es erfolge also sehr wahrscheinlich zunächst keine direkte Domestizierung des Wolfs durch den Menschen. Stattdessen schlossen sich vermutlich immer wieder einige Wölfe aus freien Stücken den Menschen an und begleiteten diese fortan als Kulturfolger. In der Jungsteinzeit standen die Menschen, die bisher als mehr oder weniger nomadisch lebende Jäger und Sammler herumgestreift waren, an der Grenze zur Sesshaftigkeit, indem sie erste kleine Siedlungen gründeten. So-

In den Abfallhaufen der Steinzeitmenschen suchten einige Wölfe nach verwertbaren Resten.

wohl in diesen Siedlungen als auch in den vorangegangen Lagerstätten, warfen die Menschen Nahrungsreste weg, beispielsweise Reste von Tieren, die sie zuvor gejagt hatten. Nicht selten fand die Entsorgung derartiger Nahrungsreste mitten im Lager bzw. in der Siedlung statt, wodurch kleine Müllberge entstanden. Dem Gestank, der vor allem in der warmen Jahreszeit von diesen Müllbergen ausging, wurde unter anderem auch von den Wölfen wahrgenommen. Wahrscheinlich wirkte er auf einige Wölfe so betörend, dass sie teilweise die Scheu vor den Menschen überwanden und zu den Müllbergen liefen, um diese nach Fressbarem zu durchstöbern. Vermutlich wurden sie anfangs noch des Öfteren von den Menschen verjagt. Die scheuen Exemplare ergriffen dann sofort die Flucht und kehrten nicht oder nur sehr zögerlich zu diesen potenziellen Futterquellen zurück. Im Unterschied dazu erschienen die weniger scheuen Exemplare bald darauf wieder an den Müllbergen. Dieses Verhalten führte sehr wahrscheinlich dazu, dass die Menschen die stärker zutraulich werdenden Wölfe allmählich tolerierten, sodass sie sich immer häufiger und auch über immer längere Zeiträume, in der Nähe der Müllberge aufhielten. Auf diese Weise selektierten sich die Wölfe in gewisser Weise selbst – die einen blieben scheu, die anderen wurden zahm.

Es ist auch nicht auszuschließen, dass die steinzeitlichen Menschen sogar ihren Spaß an den »Müllwölfen« hatten und diese (als »Belohnung« für das unterhaltsame Schauspiel) gelegentlich sogar ein paar Nahrungsbrocken zuwarfen. Diese Belohnungen haben dann vielleicht dazu geführt, dass die Wölfe fortan aktiv nach Futter bettelten. Das Betteln nach Futter hat dann nicht nur zur weiteren Verringerung der Fluchtdistanz, sondern auch zur allmählichen Festigung der anfangs noch recht losen Beziehung zwischen Wolf und Mensch beigetragen. Gleichzeitig hat des Futterbetteln mit bewirkt, dass die Wölfe den Menschen allmählich als dominanten Partner oder zumindest als »Ersten unter Gleichen« anerkannten (weil – wie bereits beschrieben – unter natürlichen Bedingungen nur die schwächeren Exemplare die stärkeren anbetteln). Sehr wahrscheinlich folgten die »Müllwölfe« auch freiwillig »ihren« Menschengruppen, sobald diese in ein anderes Gebiet zogen, um dort ein neues Lager aufzuschlagen oder eine Siedlung zu gründen. Dieser Entwicklungsprozess erfolgte nicht innerhalb weniger Wochen, sondern vollzog sich über hunderte oder gar tausende Jahre. Während dieser Zeit fanden bei den »Müllwölfen« mutative Veränderungen statt, wodurch sie sich immer mehr in Richtung eines »Urhaushundes« entwickelten.

Unter einer **Mutation** versteht man eine spontan auftretende Veränderung des Erbgutes. Zumeist sind solche Mutationen nur punktuell, das bedeutet, sie betreffen nur einen ganz kleinen Bereich des Erbgutes. Nichtsdestotrotz können sich bereits durch kleinere Mutationen Aussehen, Anpassungsfähigkeit, Krankheitsanfälligkeit und/oder das Verhalten der Individuen in den Nachfolgegenerationen dauerhaft verändern.

Enorm wichtig: das »Veggie-Gen«

Die »Urhaushunde« waren mit Sicherheit noch recht wilde Tiere, die weiterhin – ähnlich wie die »Müllwölfe« – in einer vergleichsweise losen Beziehung zum Menschen standen. Trotzdem waren es schon Hunde und keine Wölfe mehr, mit denen der Mensch die Domestizierung einleitete.

Von den zahlreichen Mutationen, die im Verlauf der Entstehung des Urhaushundes auftraten, waren einige für die weitere Domestizierung

Auf dem Weg zum Urhaushund war es besonders bedeutsam, stärkereiche Nahrung, besonders Getreidekörner, enzymatisch aufzuschließen.

besonders bedeutsam. Dabei handelt es sich um zehn Erbgutabschnitte, die es den Urhaushunden in der Folge ermöglichten, auch größere Mengen an stärkereicher Nahrung, die sich damals vor allem in gekochten Getreidekörnern befand, enzymatisch aufzuschließen und anschließend zu verdauen. Stärke gehört zu den Vielfachzuckern (Polysacchariden). Im Unterschied zu diesen ist ein anfänglicher enzymatischer Aufschluss bei der Verdauung von den Einfachzuckern Glucose und Fructose, welche die Wölfe beispielsweise in Form von Melonen und Weintrauben fressen, nicht erforderlich.

Indem die Hunde die Stärke gut vertrugen, war es nicht mehr erforderlich, sie zu nahezu 100 % mit tierischen Eiweißen, vor allem Muskelfleisch und Innereien, zu versorgen, dass von Tieren stammte, die bei der Jagd erlegt wurden. Dadurch verringerte sich auch der Nahrungskonkurrenzdruck zwischen Mensch und Hund, denn während Getreide fast immer in ausreichenden Mengen zur Verfügung stand, war das beim Fleisch nicht immer der Fall. (Aufgrund des Zeitkontingents, welches die sesshaft gewordenen Menschen zur Bewirtschaftung ihrer Flächen und später auch der Haustiere benötigten, konnten sie nun seltener auf die Jagd gehen.)

Von Allroundern zu Rassevertretern

Die anfänglichen Aufgaben der Haushunde bestanden vermutlich darin, das Lager bzw. die Siedlung der Menschen zu bewachen und zu verteidigen. In ihrem Verhalten unterschieden sich diese Hunde bereits von den Wölfen – nicht aber in ihrem Erscheinungsbild. Doch das sollte sich ändern. Auf der Basis von Mutationen traten zu irgendeinem Zeitpunkt die ersten, zeitlebens bleibenden Hängeohren, Formveränderung an den Schwänzen und Exemplare mit geschecktem Fell auf. In freier Natur wäre manche dieser Mutationen eher hinderlich gewesen. So würden beispielsweise viele Beutetiere einen sich anschleichenden Wolf mit geschecktem Fell schneller entdecken und die Flucht ergreifen.

Die Menschen schienen jedoch Gefallen an einigen dieser Mutationen zu haben und begannen, die neuen Merkmale züchterisch zu stabilisieren, indem sie die betreffenden Hunde gezielt verpaarten. Damit war der Grundstein für die Entstehung der unterschiedlichen Hunderassen gelegt. Aber es waren nicht nur die Veränderungen im Erscheinungsbild der Hunde, die die Menschen begeisterten. Auch die sich all-

Hundedarstellung auf einem altägyptischen Steinrelief

mählich veränderten Verhaltensweisen weckten ihr Interesse. Auf der Basis dieser neuen Eigenschaften setzte man künftig Hunde vorwiegend zur Jagd, andere zum Hüten von Schafen und Ziegen und wieder andere zum Bewachen der Siedlungen ein.

Es ist bewiesen, dass es in verschiedenen dörflichen Siedlungen Mitteleuropas bereits vor 7500–8000 Jahren Hunde gab, die in ihrem Erscheinungsbild heutigen mittelgroßen Rassetypen ähnelten.

Auch im alten Ägypten erfreuten sich Hunde vor mehr als 5000 Jahren großer Beliebtheit und wurden gezüchtet. Zeitgenössische Reliefs zeigen Szenen, bei denen Exemplare, die den heutigen Windhunden ähneln, zur Jagd auf Gazellen eingesetzt wurden.

Aus der Zeit der alten Assyrer sind schwere Hunde mit stumpfen Schnauzen bekannt. Diese dienten vorwiegend als Kampfhunde bei kriegerischen Auseinandersetzungen und erinnern ihrem Körperbau nach an Deutsche und Bordeaux Doggen. Auch Griechen und Römer waren eifrige Hundehalter und -züchter. Neben Hirten-, Wach- und Jagdhunden züchtete man schon damals kleine Schoßhündchen, die sowohl am römischen Kaiserhof als auch von zahlreichen griechischen Kurtisanen gehalten wurden. Ein ähnlich kleiner Hundetyp entstand vor etwa 2200 Jahren im alten China zu Zeiten der Han-Dynastie. Diese Hunde ähnelten in ihrer Erscheinung sehr den heutigen Pekinesen. Die Freude an Zwerghunden war jedoch nicht nur auf Europa und Asiens begrenzt. So hielten vor 1200 Jahren auch die Adligen und Priester der Azteken bereits dem Chihuahua vergleichbare Hunde.

In größerem Umfang setzte die Rassezucht im Mittelalter ein, wobei zunächst vornehmlich Jagdhunde gezüchtet wurden. Gegenwärtig existieren auf der Welt rund 800 Hunderassen, von denen knapp 350 durch die Internationale Dachorganisation Fédération Cynologique Internationale (FCI) anerkannt sind. Die FCI hat ein System erstellt, welches die anerkannten Rassen in folgende 10 Gruppen (die sich wiederum in Sektionen aufspalten) unterteilt:

Gruppe 1: Hütehunde und Treibhunde (ausgenommen Schweizer Sennenhunde)
Gruppe 2: Pinscher und Schnauzer, Molossoide (Doggenartige), Schweizer Sennenhunde und andere Rassen
Gruppe 3: Terrier
Gruppe 4: Dachshunde
Gruppe 5: Spitze und Hunde vom Urtyp
Gruppe 6: Laufhunde, Schweißhunde und verwandte Rassen
Gruppe 7: Vorstehhunde
Gruppe 8: Apportierhunde, Stöberhunde, Wasserhunde
Gruppe 9: Gesellschafts- und Begleithunde
Gruppe 10: Windhunde

Wolf und Hund – aus Brüdern wurden Fremde

Rein theoretisch müsste der Wolf als Stammvater des Hundes immer noch hervorragend mit diesem kommunizieren können, aber in der Praxis sieht das oft anders aus. Im Verlauf der Domestizierung des Hundes betätigte sich der Mensch nicht nur in der Weise als Züchter, dass er dessen Erscheinungsbild, sondern auch zahlreiche seiner Verhaltensweisen dauerhaft veränderte, was dazu führte, dass Wölfe und Hunde immer mehr auseinander drifteten. Deshalb kommt es bei direkten Zusammentreffen dieser Tiere oftmals zu erheblichen Missverständen. Beispielsweise markieren Hunde, wo sie auch hingelangen, mit ihrem Urin – und das extrem häufig. Sie wollen damit unter anderem zeigen »ich war hier und betrachte auch dieses Territorium als mein Revier«.

Markierender Wolf

Dringt ein streunender bzw. nicht angeleinter Hund in ein Wolfsrevier ein, beginnt er ebenfalls ausgiebig zu markieren. Aber genau das empfinden die in einem Rudel zusammenlebenden Wölfe als Provokation und Kampfansage des Hundes. Kommt es dann zum Sichtkontakt, gehen die Wölfe davon aus, dass der Hund ihr Revier beansprucht und sie vertreiben will. Als Reaktion schalten die Wölfe auf aktiven Verteidigungsmodus. Sie starten eine energische Attacke gegen den »Provokateur«, was für diesen manchmal tödlich endet.

Begegnen sich Hund und Wolf nicht direkt, sondern registrieren die gegenseitige Anwesenheit nur anhand der Urinspuren, dokumentieren sie ihren Besitzanspruch durch »Überschreiben« – auf die Markierungsstellen des anderen wird uriniert, wodurch der eigene Harngeruch dominiert.

Gelegentlich kommt es aber auch zu Paarungen zwischen Wölfen und Hunden. Diese sind vor allem darauf zurückzuführen, dass für die

Gelegentlich kommt es zur Paarung zwischen Wölfen und Haushunden.

Wölfe oft ein entsprechender Paarungspartner fehlt. Findet beispielsweise eine von ihrem Rudel abgewanderte Wölfin keinen Wolfsrüden und gerät in Hitze, begnügt sie sich auch mit einem Hunderüden. Analog verhält es sich, wenn ein einzelner Wolfsrüde einer hitzigen Hündin begegnet. Dagegen ist es so gut wie unmöglich, dass ein Hund Paarungspartner von einem Wolf wird, der in einem sozial gut strukturierten Rudel lebt.

Ungeachtet der Tatsache, dass die meisten Hunde von den Mitgliedern der Familie geliebt werden, bei der sie leben, haben sie (bei richtiger Erziehung) innerhalb dieses »Familienrudels« nur die Omega-Position inne. Es herrscht also in dem »Familienrudel« eine stärker ausgeprägt Hierarchie als in einem Wolfsrudel. Im Unterschied zum Wolfsrudel ist es dem Familienhund beispielsweise nicht gestattet, erzieherisch auf jüngere Mitglieder des »Familienrudels« einzuwirken, auch wenn diese erst später (durch Geburt) Bestandteil dieser Gemeinschaft werden. Das zu akzeptieren, fällt Rüden mitunter nicht ganz leicht. Dennoch fügen sie sich in diese Gemeinschaft ein und haben im Gegensatz zu älteren Wölfen nicht das Bestreben, aus diesem Verband abzuwandern. Im Gegenteil, wenn sie ihr »Familienrudel« für kurze Zeit verlassen, um ein paar Stunden in der Ortschaft oder in der angrenzenden Feldflur herumzustreunen, kehren sie normalerweise immer wieder zu diesem zurück. Nach solchen Ausflügen fügen sie sich ohne Widerstand erneut in ihre familiäre Omega-Position ein.

Sowohl in seinem vertrautesten Lebensraum, bei dem es sich normalerweise um ein Hof- oder Gartengrundstück handelt, als auch bei Spaziergängen mit dem Halter, bewegen sich Hunde weniger zielorientiert als Wölfe. Stattdessen laufen sie häufig mal in die eine, im nächsten Moment auch schon wieder in die andern Richtung, um bald diesen, bald jenen Gegenstand zu beschnuppern. Dabei wechseln sie häufig ihr Bewegungstempo. Wölfe dagegen, sofern sie sich nicht auf der Jagd oder Flucht befinden, inspizieren die Umgebung in der Regel in einem gleichmäßigen Tempo. Um Kraft zu sparen setzen sie, vor allem auf weichem Untergrund und im Schnee, fast immer die Hinterpfoten in die Spur ihrer Vorderpfoten. Falls sich mehrere Wölfe über eine längere Strecke bewegen, erfolgt dieser Lauf »im Gänsemarsch«, wobei die hinteren Tiere die Spuren des Vordertiers benutzen. Hunde hingegen scheren von ihrer fiktiven Laufgeraden des Öfteren ein wenig seitlich aus. Vielleicht liegt die Ursache für dieses etwas »verschwenderische« Laufverhalten darin, dass während der Domestizierung Teile des instinktiven Energiesparens verloren gingen. Ein Hund muss nicht so stark mit seinen Kräften haushalten, weil ihm bewusst ist, dass er regelmäßig ausreichend Futter erhält. Im Vergleich dazu leben Wölfe in der Ungewissheit, nie genau zu wissen wann ihnen das Jagdglück wieder hold sein wird.

Hunde bellen weitaus häufiger als Wölfe, denn der Mensch förderte im Verlauf der Domestizierung des Haushundes dieses Verhalten. Es sollte Raub- und andere Tiere abschrecken, die sich auf Nahrungssuche den Siedlungen und Feldern näherten. Und zeigte sich der Räuber unbeeindruckt, so hatte das Bellen zumindest eine alarmierende Funktion für die Menschen, die ihren Hunden dann zu Hilfe kommen und mit ihnen gemeinsam versuchen konnten, die Eindringlinge zu vertreiben. Dass Wölfe hingegen fast nie bellen, hat einen einfachen Grund: Durch lautes Bellen würden sie potenzielle Beutetiere nur auf sich aufmerksam machen, was die Jagd nach ihnen erschweren würde.

Auf längeren Strecken und weicheren Untergründen bewegen sich Wölfe zumeist im »Gänsemarsch« fort, wobei die hinteren Tiere die Spuren des Vordertiers benutzen.

Gefährliche Krankheiten für Wölfe

Wie alle Tiere werden auch Wölfe von unterschiedlichen infektiösen und nicht-infektiösen Erkrankungen befallen. Viele dieser Krankheiten sind auch auf den Haushund übertragbar. Dagegen ist die Zahl der »Wolfskrankheiten«, die eine Gefahr für den Menschen darstellen, deutlich geringer. Nachfolgend werden einige solcher Erkrankungen kurz vorgestellt.

Obwohl die auch als Rabies, Hundswut oder Wutkrankheit bezeichnete Tollwut in Mitteleuropa nur noch sehr selten und in Deutschland seit rund 10 Jahren nicht mehr auftritt, kann ein plötzliches Wiedereinschleppen nie gänzlich ausgeschlossen werden. Verursacher der Tollwut ist das Rabiesvirus. Dieses kann jede gleichwarme Tierart, also neben dem Menschen und allen anderen Säugertieren auch Vögel, infizieren und als Folgeerscheinung eine Gehirnentzündung hervorrufen, die ohne rechtzeitige ärztliche Hilfe fast immer tödlich verläuft. Die Übertagung der Tollwut erfolgt in der Regel durch einen Biss, wodurch die Rabiesviren in die Blutbahn gelangen. Die anschließende Erkrankung beginnt zumeist mit einer Wesensänderung, indem die betroffenen Tiere besonders aggressiv und hyperaktiv werden. Man bezeichnet diese Phase auch als »Rasende Wut«. Bleibt sie aus, was gelegentlich vorkommt, spricht man von »Stiller Wut«. Später stellen sich Lähmungserscheinungen sowie verstärkte Speichelproduktion (Schaum vorm Maul) ein. Im Endstadium kommt es fast immer zum Festliegen des betroffenen Tieres.

Die Räude gehört zu jenen »Wolfsinfektionen«, die für den Hund, aber nicht für den Menschen gefährlich werden können. Verursacher ist die Räudemilbe *(Sarcoptes canis)*. Sie bewirkt starken Juckreiz, massiven Haarausfall und schorfige Verkrustungen auf der Haut, wodurch der Wolf nicht nur stark geschwächt, sondern auch deutlich anfälliger für sekundäre Erkrankungen wird.

Ähnlich verhält es sich mit der Staupe, bei der ebenfalls nur eine Gefahr für Haushunde besteht. Diese Erkrankung wird durch das Canine Staupevirus ausgelöst, welches vor allem durch direkten Körperkontakt auf die Tiere gelangt. Anfangssymptome sind hohes Fieber, Mattigkeit, Durchfall und Erbrechen. Später kommt es zur Schädigung des Gehirns und zu Ausfallerscheinungen des Zentralen Nervensystems.

Der Verursacher der Aujeszkyschen Krankheit, auch Pseudowut genannt, ist ein Herpesvirus. Die Übertragung erfolgt durch einen direkten oder indirekten Kontakt mit Wildschweinen, welche nach der Infektion ihr ganzes Leben lang infiziert bleiben. Von infizierten Wölfen geht keine Ansteckung aus, da sie den Erreger nicht ausscheiden und deshalb weder eine innerartliche Ansteckung noch eine von Wolf zu Hund möglich ist. Wenn sich allerdings ein Wolf bei einem Angriff auf ein Wildschwein infiziert hat, treten schnell Gehirn- und Rückenmarksentzündung auf. Diese bewirken bald darauf Ausfallerscheinungen des Zentralen Nervensystems und schließlich den Tod des Tieres.

Bei Kämpfen mit Wildscheinen können sich Wölfe mit der Aujeszkyschen Krankheit infizieren.

Der Wolf in Mythos und Märchen

Seit der Antike ranken sich zahlreiche Mythen und Sagen um den Wolf. Außerdem fungiert er in zahlreichen Märchen als einer der »Hauptdarsteller«.

Bei einer Analyse vieler europäischen Mythen, Sagen und Märchen stellt man fest, dass sich das Image des Wolfs von der Antike bis in die Neuzeit immer mehr verschlechterte und er zunehmend den Part des »Bösewichts« übernahm. Zu diesem Bösewicht-Image hat auch die Bibel beigetragen. Bereits im Alten Testament steht der Wolf als Sinnbild für das Böse. Durch die Übersetzung der Bibel ins Deutsche durch Martin Luther wurde deren Inhalt einem wesentlich größeren Leser- und Zuhörerkreis erschlossen, und das Bild vom »bösen Wolf« verfestigte sich.

So stellte man sich im Mittelalter einen Werwolf vor. (Wasserspeier der Kathedrale von Moulins, Frankreich)

Je nach Erzählung findet man in der antiken Mythologie den Wolf als negativen aber auch als positiven Protagonisten. Eine jener Schreckensfiguren, die bereits in sumerischen Mythen ihr Unwesen trieb, war ein Vorläufer des Werwolfs. So berichtet das Gilgamesch-Epos (etwa um 1800 v. Chr.) von einem Schäfer, den die Göttin Ištar in einen Wolf verwandelte. Als Lykanthropus (von griech. lykos = Wolf; anthropos = Mensch) etablierte sich diese Figur auch in der späteren hellenistischen Mythologie. Ihren Höhepunkt hatten die abergläubischen Vorstellungen über Werwölfe, die im althochdeutschen als Mannwölfe bezeichnet wurden, vom Hochmittelalter bis zur Mitte des 19. Jahrhunderts. Der Werwolf-Aberglaube basiert auf Vorstellungen, dass Menschen (fast immer Männer) einen Pakt mit dem Teufel eingehen.

Von diesem erhalten die betreffenden Menschen einen Gürtel aus Wolfsfell, der ihnen – besonders in Vollmondnächten – die Fähigkeit verleiht, sich in einen Werwolf zu verwandelt. Die Art und Weise, wie Werwölfe anschließend Menschen attackieren, variiert in den jeweiligen Erzählungen. Das Spektrum reicht von Exemplaren, die ihren Opfern auf den Rücken springen und von diesen bis zur absoluten Erschöpfung getragen werden, bis zu jenen, die im Blutrausch Menschen brutal töten und teilweise auch auffressen.

Eine der schönsten Überlieferungen der klassischen Antike ist die Sage von Romulus und Remus, die im Jahre 753 v. Chr. die Stadt Rom gegründet haben sollen. Der Sage nach waren sie die Söhne des römischen Kriegsgott Mars und der Priesterin Rhea Silvia. Unmittelbar nachdem die Knaben das Licht der Welt erblickt hatten, wurden sie auf

Romulus und Remus werden von der Wölfin gesäugt.

Befehl von König Amulius, der Rhea Silvia zur Vestalin gemacht hatte, in einen Weidenkorb gelegt und auf dem Tiber ausgesetzt. Dieser spülte den Korb jedoch bald darauf ans Ufer, wo eine Wölfin durch das Weinen der Zwillinge angelockt wurde. Die Wölfin trug die Knaben in ihre Höhle und säugte sie.

Später wurden die Zwillinge von einem Hirten gefunden, der sie gemeinsam mit seiner Frau aufzog, ohne jedoch zu wissen, dass es sich dabei um Kinder von königlichem Geblüt handelte. Als Romulus und Remus erwachsen waren und ihre wahre Identität bekannt wurde, brach ein Volksaufstand aus. Dieser führte zum Sturz des Königs Amulius. Anschließend erhielt Numitor, dem Amulius einst die Königsprivilegien geraubt hatte, seinen Thron sowie die damit verbundene Herrscherwürde zurück. Aus Dankbarkeit gestattete Numitor den Zwillingen an der Stelle, wo sie in den Tiber ausgesetzt worden waren, eine Stadt zu errichten. In dieser Sage brachte man also der Wölfin, ohne die die Knaben wahrscheinlich nicht überlebt hätten, eine hohe Wertschätzung entgegen.

Auch bei den alten Germanen war der Wolf hoch angesehen. Beispielsweise sahen es die Germanen als gutes Omen an, wenn vor einem Kampf Wolfsgeheul ertönte. Sie waren der festen Überzeugung, dass dies ein Vorzeichen für den baldigen Sieg war.

Des Weiteren nutzten in den altgermanischen Sagen nicht nur die Riesinnen, sondern gelegentlich auch der Göttervater Odin Wölfe als Reittiere. Außerdem besaß Odin zwei Wölfe namens Geri und Freki, welche stets zugegen waren, wenn er in Walhalla auf seinem Thron saß. Diese Wölfe begleiteten Odin auch in den Kampf. Weil Odin seine Wölfe sehr mochte, wurde er auf manchen Kunstwerken sogar mit einem Wolfskopf dargestellt.

In der germanischen Mythologie tragen aber auch drei Wölfe maßgeblich zum Ende der Götter und dem Weltenuntergang bei. Einer dieser Wölfe ist Fenris, den Odin als Jungtier aufzog. Anfangs war Fenris noch recht harmlos, doch wuchs er von Tag zu Tag, wurde immer kräftiger und wilder, sodass sich die Götter schließlich von ihm bedroht fühlten. Sie brachten ihn nach Asgard, wo er mit einem magischen Band gefesselt wurde. Je wilder sich Fenris bewegte, desto enger wurde er von diesem Band eingeschnürt. Schließlich sollte irgendwann die Zeit des Weltenuntergangs kommen, an der das letzte Gefecht zwischen Göttern und Riesen bevorsteht. Eingeleitet wird das Ganze durch die Wölfe Skalli und Haiti, welche die Sonne und den Mond verfolgen, um diese zu verschlingen. Dadurch werden die

Odin auf seinem Thron, davor seine Wölfe Geri und Freki

Sterne vom Himmel fallen und sich gleichzeitig die Fesseln von Fenris lösen. Anschließend beginnt der letzte Kampf, in dem Fenris der direkte Widersacher von Odin sein wird. Nachdem Fenris Odin verschlungen hat, so berichtet die Sage weiter, wird er von dessen Sohn Vidar getötet. Danach stellt sich ein Gleichgewicht zwischen Ordnung und Chaos ein. Odin wird in Gestalt des Allvater Fimbultyr wiedergeboren und erschafft eine neue Welt, in der das Böse fortan weniger stark vertreten ist.

Genauer betrachtet stellen weder Fenris noch die Wölfe Skalli und Haiti vollkommen bösartigen Gestalten dar. Im Gegenteil, indem sie aktiv dazu beitragen, dass die alten Welten untergehen, wird erst die Widergeburt von Odin ermöglicht, der eine Welt erschaffen wird, die besser als die alte ist.

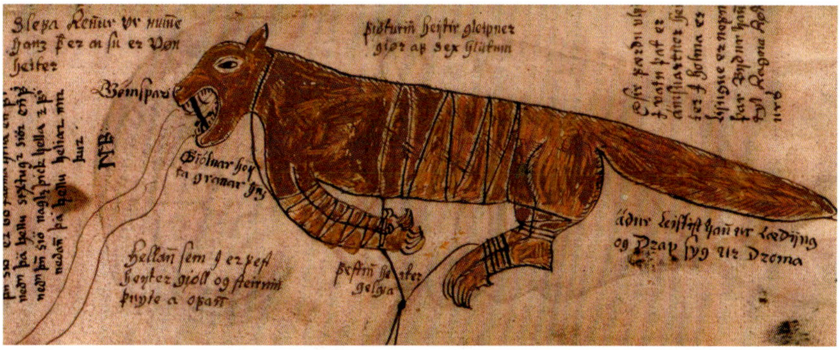

Der von einem magischen Band gefesselte Fenris

Wie bereits erwähnt, erfolgte bereits im frühen Mittelalter eine zunehmende Stigmatisierung des Wolfs. Zu jener Zeit entstand auch das Epos »Reineke Fuchs«, welches in späteren Jahrhunderten mehrfach literarisch bearbeitete wurde. Der Wolf, der den Namen Isegrim trägt, gehört in dieser Erzählung zu den wichtigsten Widersachern des Fuchses. Sowohl Isegrim als auch Reineke verkörpern äußerst negative Charaktere. Aber im Unterschied zum Wolf gelingt es dem Fuchs mit seiner verlogenen aber zugleich listigen und schmeichlerischen Art den Löwen Nobel, den König der Tiere, zu beindrucken. Mehr noch, Reineke gewinnt Nobels uneingeschränktes Vertrauen und nutzt dieses in schamloser Weise aus, um weitere arglistige Taten zu begehen und sich an seinen Widersachern zu rächen. Obwohl Isegrim ebenfalls rücksichtslos, gierig und bösartig dargestellt wird, kann er aufgrund seiner Tölpelhaftigkeit und gelegentlichen Einfältigkeit, dem Fuchs nicht Paroli bieten. Letzterer geht in dem Epos als strahlender Sieger hervor, während der Wolf und seine Sympathisanten vom königlichen Hof verbannt werden. Dadurch verkörpert der Wolf nicht nur den »Bösewicht«, sondern auch einen Verlierertyp, mit dem sich niemand identifizieren möchte.

In den vergangen drei- bis vierhundert Jahren entstanden zahlreiche Märchen, die meist mündlich von Generation zu Gegenration überliefert wurden. In der ersten Hälfte des 19. Jahrhunderts trugen Jacob und Wilhelm Grimm zahlreiche dieser Märchen zusammen. Sie erschienen später in Buchform als »Kinder- und Hausmärchen der Gebrüder Grimm« und werden inzwischen fast nur noch als »Grimmsche Märchen« bezeichnet.

Allerdings trugen diese Märchen bereits lange bevor sie von den Gebrüdern Grimm aufgeschrieben wurden, nicht zu einer Verbesserung

Historische Illustration zum Epos »Reineke Fuchs«

des Bildes vom Wolf bei. Vielmehr ist das Gegenteil der Fall. Als Beispiele seien nur »Der Wolf und die sieben Geißlein« und »Rotkäppchen« genannt, in denen der Wolf ebenfalls den Part des angsteinflößenden Bösewichts übernimmt.

Als Märchenfigur ist der »böse Wolf« jedoch nicht nur auf den deutschsprachigen Raum begrenzt. In dieser Rolle findet man ihn unter anderem auch in der englischsprachigen Märchenwelt. Ein Beispiel

Historische Illustration zum Märchen »Rotkäppchen«

hierfür ist das Märchen von den »Drei kleinen Schweinchen«, das von dem Australier Joseph Jacobs (1854–1916) herausgegeben wurde. Später hat Elisabeth Shaw (1920–1992) das Märchen literarisch bearbeitet. Danach erschien es unter dem Titel »Zilli, Billi und Willi«. In der Originalversion wohnen die Schweinchen, jedes für sich, in einem Stroh-, Holz- bzw. Steinhaus. Der Wolf, der die Schweinchen fressen will, pustet sowohl das Dach des Stroh- als auch des Holzhauses weg und seine Bewohner werden gefressen. Lediglich das Steinhaus hält allem Wegpusteversuchen des Wolfs stand, der schließlich versucht, über den Schornstein ins Haus zu gelangen. Dabei fällt er in einen Kessel mit kochendem Wasser und verbrüht sich tödlich. Die neueren Versionen wurden zwar dahingehend entschärft, dass die Bewohner des Stroh- und Holzhauses nicht gefressen werden, sondern sich in das Steinhaus retten können. Auch kommt der Wolf, als er in den Kessel fällt, mit dem Leben davon. Das ändert jedoch nichts an der Tatsache, dass für den Wolf auch weiterhin nur die Rolle des unverbesserlichen Bösewichts bleibt, der Angst und Schrecken verbreitet.

Bildnachweis

Cornelia Gutjahr

Seite 22, 91 (beide), 94, 111

mauritius-images, Mittenwald

Seite 5 Dorling Kindersley ltd / Alamy, 13 imageBROKER / Michael Weber, 17 (oben) Tierfotoagentur / S. Starick, 20 Science Source / John Shaw, 21 Ronald Wittek, 26 (unten) Minden Pictures / Jasper Doest, 28 Minden Pictures / Loulou Beavers / NiS, 29 blickwinkel / Willi Rolfes, 30 (oben) Tierfotoagentur / Fotofeeling, 30 (unten) imageBROKER, 32 (oben) FLPA / Alamy, 32 (unten) Danita Delimont, 35 Masterfile RM / F. Lukasseck, 36 imageBROKER, 37 Stian Rønningen / Alamy, 38 imageBROKER, 40 Minden Pictures / Tim Fitzharris, 45 Minden Pictures / Chris Stenger/ Buitenbeeld, 46 NPS Photo / Alamy, 47 Minden Pictures / Sergey Gorshkov, 49 ABC Collection / Alamy, 51 Danita Delimont RF / Don Grall, 52 imageBROKER, 53 imageBROKER, 55 Minden Pictures / Steve Gettle;56 Gerard Lacz, 57 imageBROKER, 60 imageBROKER, 63 David & Micha Sheldon, 66 Photo 12 / Alamy, 67 The Picture Art Collection / Alamy, 73MITO images / Patrick Kunkel, 79 nature picture library / Oliver Scholey, 81 imageBROKER, 87 Spirit Wolf Photography, Nancy Greifenhagen / Alamy, 88 All Canada Photos / Alamy, 89 Alaska Stock / Patrick Endres, 101 imageBROKER, 104 AfriPics.com / Alamy, 106 Minden Pictures / Martin Steenhaut / Buiten-beeld, 108 imageBROKER, 109 imageBROKER, 113 Ivan Vdovin / Alamy, 126 Artokoloro Quint Lox Limited / Alamy

shutterstock.com

Seite 8 © Satirus, 11 (oben) © Martin Procjazkacz, 11 (unten) © Holly Kuchera, 12 © Jim Cumming, 15 © Jim Cumming, 26 (oben) © Michael Roeder, 42 © Morfoto, 44 © Jesse Schpakowski, 59 © Karel Bartik, 61 © COULANGES, 62 © Bildagentur Zoonar GmbH, 64 © Debbie Steinhausser, 68 © Vlada Cech, 75 © costas anton dumitrescu, 76 © Agnieszka Bacal, 80 © Holly Kuchera, 85 © Michal Ninger, 92 © anetapics, 95 © Adriano Frisanco, 97 © Sarah2, 115 © Simon Kovacic, 116 © Melounix, 118 David Dirga, 120 © Martin Prochazkacz

Wikimedia Commons

S. 7: Mas3cf, Wikimedia Commons, lizensiert unter der Creative-Commons-Lizenz »Namensnennung – Weitergabe unter gleichen Bedingungen 4.0 international«, URL: https://creativecommons.org/licenses/by-sa/4.0/deed.de, 17 (unten): Glen Fergus, Wikimedia Commons, lizensiert unter Creative-Commons-Attribution-Share-Alike 2.5 Generic license, URL: https://creative commons.org/licenses/by-sa/2.5/deed.en, 18: Dhaval Vargiya, Wikimedia Commons, lizensiert unter der Creative-Commons-Lizenz »Namensnennung – Weitergabe unter gleichen Bedingungen 4.0 international«, URL: https://creativecommons.org/licenses/by-sa/4.0/deed.de, 23: Sergei Siluyanov, Wikimedia Commons, lizensiert unter unter der Creative-Commons-Lizenz »Namensnennung – Weitergabe unter gleichen Bedingungen 4.0 international«, URL: https://creativecommons.org/licenses/by-sa/4.0/deed.de, 70: Jörg Hempel, Wikimedia Commons, lizensiert unter der Creative Commons Attribution-Share Alike 3.0 Germany, URL: https://creativecommons.org/licenses/by-sa/3.0/de/deed.en, 83: Eric Kilby, Wikimedia Commons, lizensiert unter der Creative Commons Attribution-Share Alike 2.0 Generic, URL: https://creativecommons.org/licenses/by-sa/2.0/deed.en, 98: Bernard DUPONT, Wikimedia Commons, lizensiert unter der Creative-Commons-Lizenz »Namensnennung – Weitergabe unter gleichen Bedingungen 2.0 international«, URL: https://creativecommons.org/licenses/by-sa/2.0/deed.de, 100: oliver.dodd, Wikimedia Commons, lizensiert unter unter der Creative-Commons-Lizenz »Namensnennung 2.0 generisch« (US-amerikanisch), URL: https://creativecommons.org/licenses/by/2.0/deed.de, 103: Yathin S Krishnappa, Wikimedia Commons, lizensiert unter unter der Creative-Commons-Lizenz »Namensnennung – Weitergabe unter gleichen Bedingungen 3.0 nicht portiert«, URL: https://creativecommons.org/licenses/by-sa/3.0/deed.de sowie 72, 122, 124 und 125